KB152574

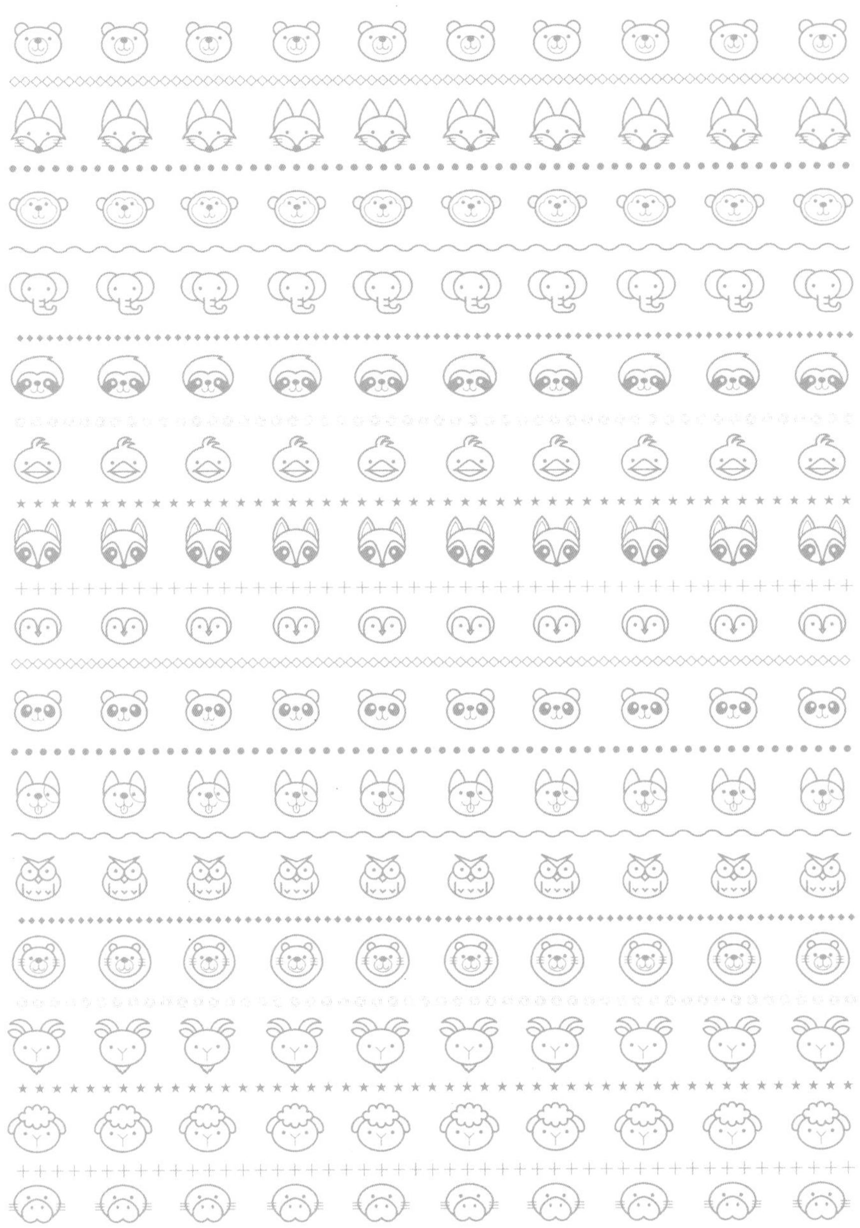

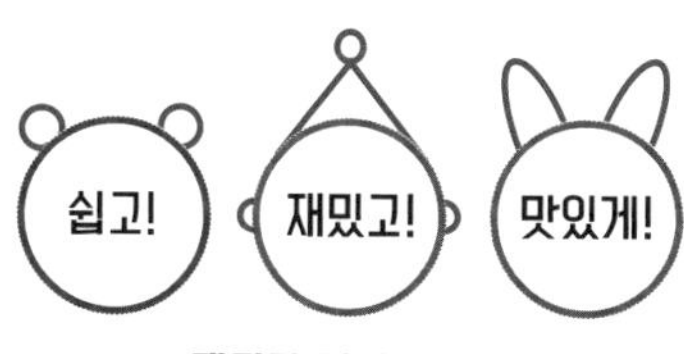
쉽고!
재밌고!
맛있게!
캐릭터 김밥 만들기

일러두기

- 이 책의 모든 레시피는 캐릭터 김밥 한 줄을 기준으로 한다.
- 김밥을 만들기 전에 밥과 김을 미리 준비한다.
- 밥은 p.10~11 **기본 밥 짓기** 및 **컬러 밥 만들기**를 참고하고 저울을 이용해 분량에 맞게 미리 소분해 놓는다.
- 김은 p.14 **캐릭터 김밥의 김 크기**를 참고하고 필요한 크기와 개수에 맞게 미리 잘라 놓는다.

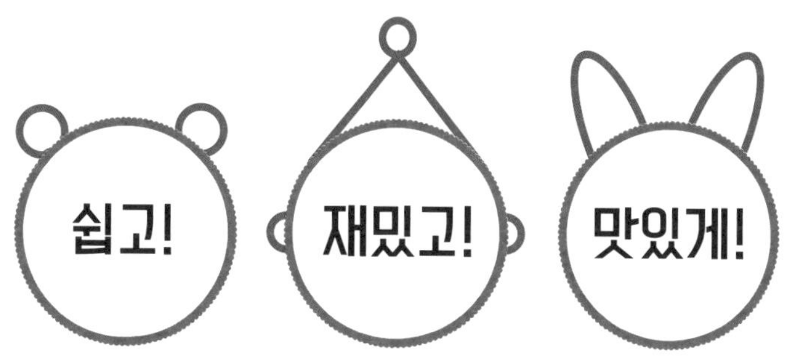

캐릭터 김밥 만들기

시스터즈 캐릭터 김밥&쿠키
이지은 지음

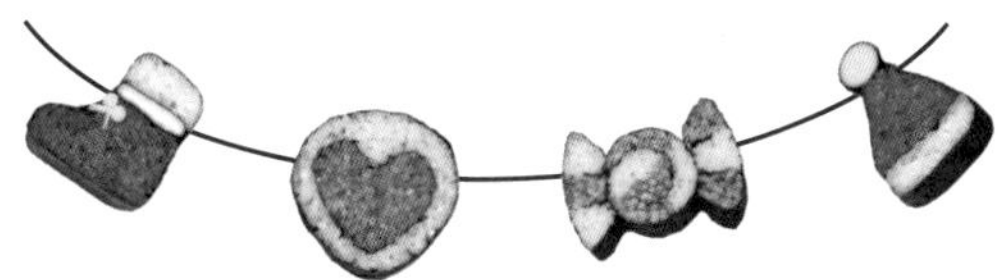

다독
다독

Contents

PART 2

우리에게 친근한
개성 만점 동물들

동물 김밥

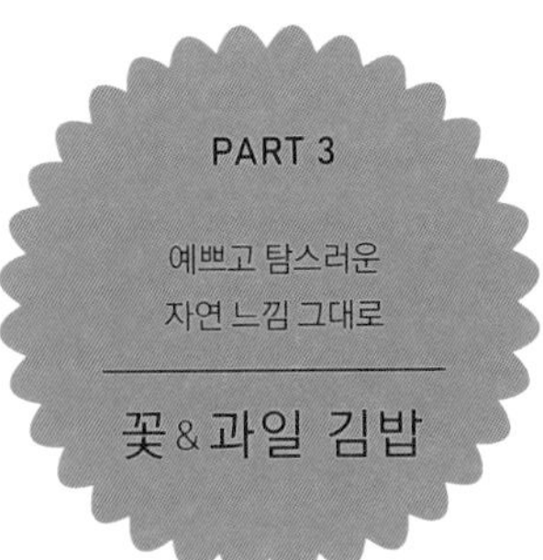

PART 4

귀엽고
사랑스럽게

사람 얼굴 김밥

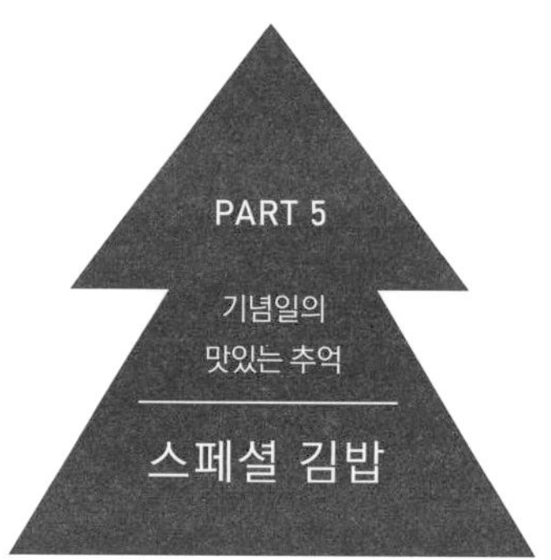

| 발렌타인 데이 & 화이트 데이 |

| 할로윈 데이 |

| 크리스마스 |

Contents

PART 1

좋아하는 캐릭터를
직접 만들어 보는

캐릭터 김밥

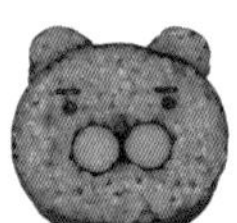

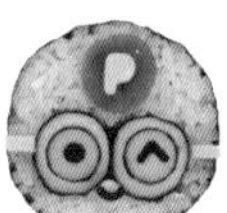

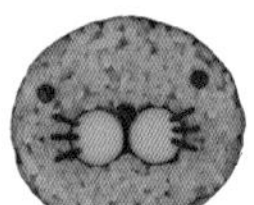

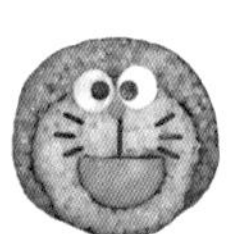

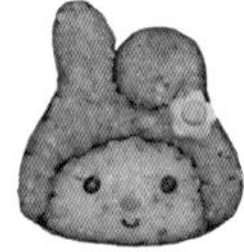

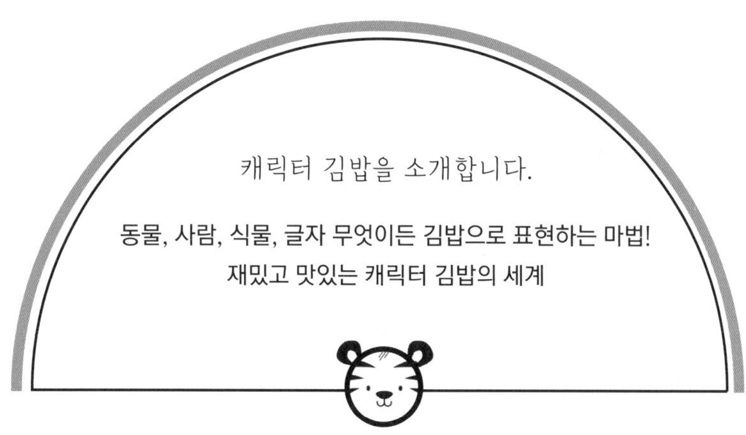

귀엽고 사랑스러운 모양, 초밥 같은 쫄깃한 식감 눈과 입이 즐거워요.

캐릭터 김밥은 예쁘기만한 게 아니예요. 맛도 있어요. 밥에 배합초를 넣어 새콤달콤하고 다시마를 넣고 밥을 지어 밥알이 쫄깃쫄깃하고 탱글탱글해요. 천연 재료로 물들인 다양한 색감과 동그랗고 앙증맞은 모양이 만드는 이와 먹는 이를 모두 행복하게 만들어요.

레고처럼 조립해서 완성하는 재미 성취감과 창의력을 높여요.

캐릭터 김밥은 자르기 전까지 어떤 모양이 완성될지 몰라요. 두근대는 마음으로 김밥을 잘라 원하는 모양이 나왔을 때의 짜릿한 성취감은 캐릭터 김밥 최고의 매력이에요. 여기에 반해 캐릭터 김밥을 배우려는 사람도 많아요. 이 책으로 캐릭터 김밥의 기본을 익히면 재료나 색을 바꿔 나만의 창의적인 레시피도 만들 수 있어요.

평범한 재료로 쉽게 어른, 아이 누구나 만들 수 있어요.

캐릭터 김밥은 특별한 기술과 재료를 요하지 않아요. 만들기를 좋아하고, 한국인의 주식인 밥만 있으면 어떤 모양의 김밥도 만들 수 있어요. 캐릭터 김밥을 배우려는 사람 중에는 엄마 손을 잡고 오는 어린 아이부터 여자 친구에게 선물하려는 청년, 손자 손녀에게 도시락을 싸주기 위해 찾아오는 할머니까지 다양해요. 김밥은 식사 시간이 촉박할 때 찾거나 야외에서 간편하게 먹는 만만한 음식으로 취급받지만 조금 시각을 달리하고 정성을 기울이면 사랑하는 사람을 감동시키는 멋진 요리로 변신해요.

기본 밥 짓기가 잘 돼야

모양과 맛이 좋아요.

기본 밥 짓기

1. 일반 밥보다 물의 양을 줄여 고슬고슬하게 짓는다. 밥을 지을 때 다시마를 넣으면 밥알이 탱탱하면서 윤이 난다.

   캐릭터 김밥 1줄을 만드는 데 대략 밥 한 공기(180g+α)가 들어간다.

2. 갓 지은 밥을 볼에 덜어 낸다.
3. 뜨거운 밥에 배합초를 넣는다. 밥 100g에 배합초 10g 비율로 넣되 기호에 따라 배합초 양을 가감한다.

   배합초 비율 식초1:설탕1:소금 ½

4. 밥알이 찌그러지지 않도록 주걱을 세워서 밥을 살살 비빈다.

여러 가지 천연 재료를 흰밥에 섞어
컬러 밥을 만들어요.

기본 밥 짓기 1~ 4 과정을 마친 후 유색 재료를 넣고 밥을 살살 비빈다.
아래 재료들을 참고하여 원하는 농도에 맞게 양을 조절해 넣는다.

분홍색

명란
껍질을 제거하고 내용물만 사용한다.

생강 비트 초절임
잘게 다진다.

비트 퓌레
비트를 삶거나 볶아서 믹서로 간 뒤 체에 거른다.

오보로(붉은 색)

빨간색

비트 퓌레 + 치자 가루

베이지색
살구색

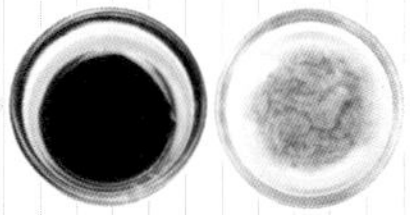

간장 + 오보로(생략 가능)
아주 약간의 간장만 넣거나 붉은 색 오보로를 추가한다.

주황색

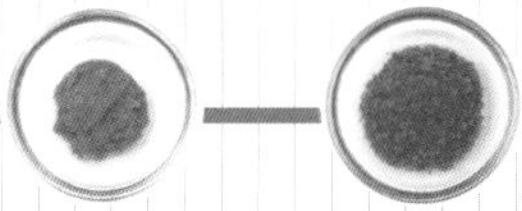

당근 퓌레
당근을 삶거나 볶아서 믹서로 간다.

날치알
냉동 날치알을 냉장고에서 해동 후 사용한다.

노란색

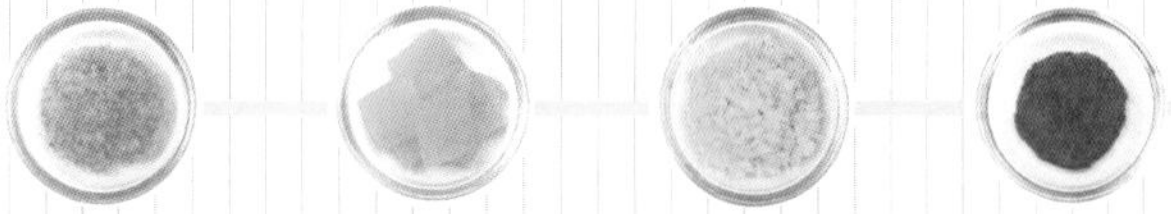

날치알(골드색)
냉동 날치알을 냉장고에서 해동 후 사용한다.

단무지
잘게 다진다.

달걀
달걀지단이나 스크램블을 다진다.

치자 가루
배합초에 개어서 사용한다.

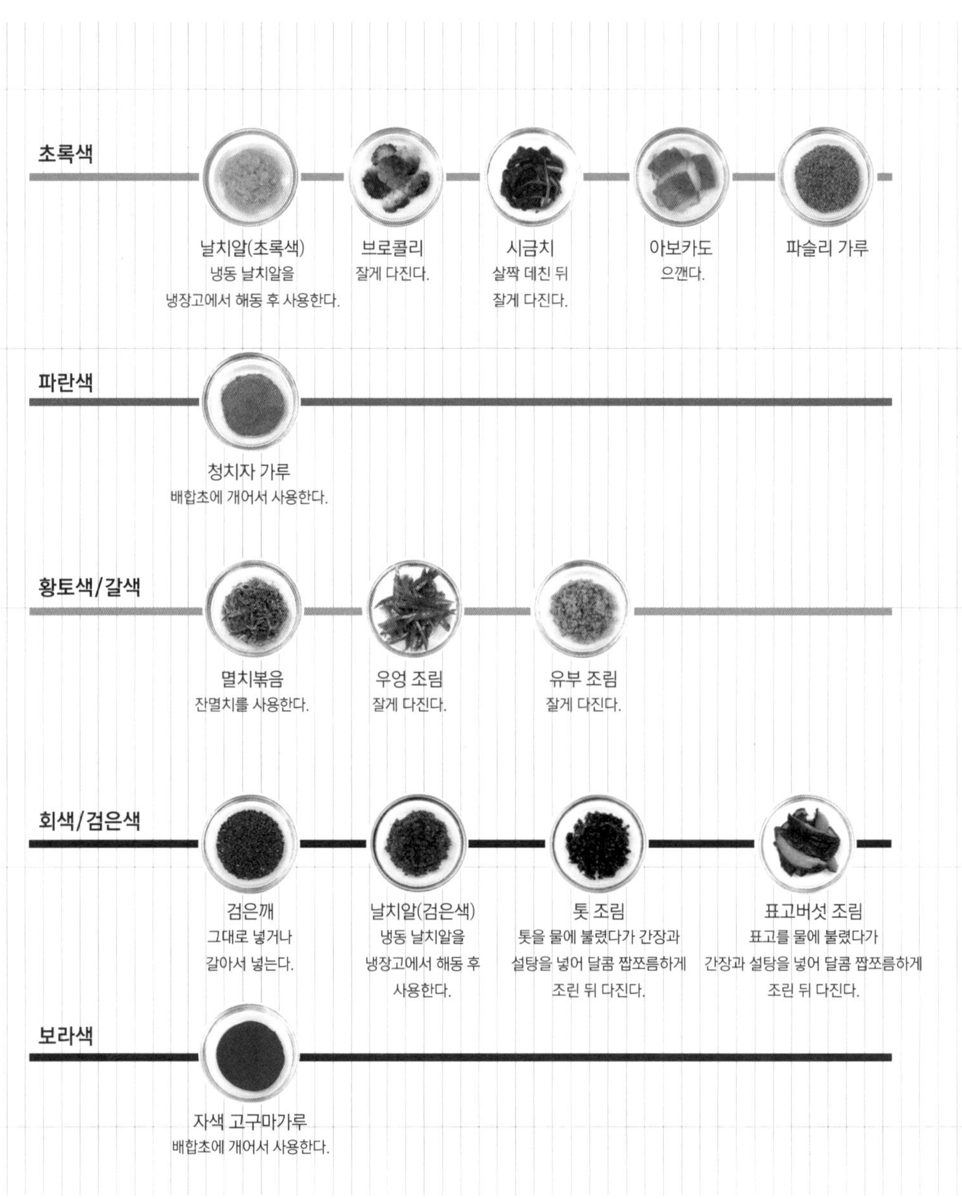
초록색
날치알(초록색)
냉동 날치알을
냉장고에서 해동 후 사용한다.
브로콜리
잘게 다진다.
시금치
살짝 데친 뒤
잘게 다진다.
아보카도
으깬다.
파슬리 가루
파란색
청치자 가루
배합초에 개어서 사용한다.
황토색/갈색
멸치볶음
잔멸치를 사용한다.
우엉 조림
잘게 다진다.
유부 조림
잘게 다진다.
회색/검은색
검은깨
그대로 넣거나
갈아서 넣는다.
날치알(검은색)
냉동 날치알을
냉장고에서 해동 후
사용한다.
톳 조림
톳을 물에 불렸다가 간장과
설탕을 넣어 달콤 짭쪼름하게
조린 뒤 다진다.
표고버섯 조림
표고를 물에 불렸다가
간장과 설탕을 넣어 달콤 짭쪼름하게
조린 뒤 다진다.
보라색
자색 고구마가루
배합초에 개어서 사용한다.

이런 도구가 있으면
만들 때 편리해요.

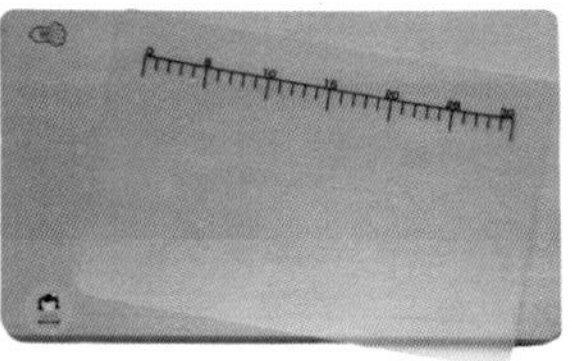

도마 눈금 있는 도마

김발 김발은 겉과 안이 다르다.
김을 올릴 때는 표면이 평평한 겉면에 올린다.

전자 저울 1g 단위로
잴 수 있는 저울.

모양 도구
장식 단계에서 눈·코·입 등의
모양을 만들 때 유용하다.

빨대 버블티용, 주스용

김펀치

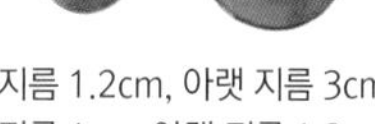

깍지
대(805호) 윗 지름 1.2cm, 아랫 지름 3cm
소(804호) 윗 지름 1cm, 아랫 지름 1.8cm

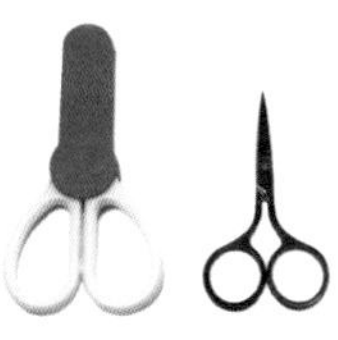

가위 김을 자르거나 눈·코·입 등의
모양을 만들 때 사용한다.

핀셋&이쑤시개 눈·코·입 등
작은 김을 붙일 때 사용한다.

칼 일반 김밥보다 칼에 밥이
많이 붙으므로 김밥을 썰기 전
칼날을 갈아 주는 것이 좋다.

엠보싱 비닐장갑 밥알이 손에 잘 붙어
엠보싱 있는 비닐 장갑이 편리하다.

면 행주 작업 중 도마나
칼을 닦는다.

볼&주걱&부채
갓 지은 밥을 볼에 덜어 배합초를 넣고 비빌 때
부채질을 해주면 밥의 온도가 낮아지면서
배합초가 밥알에 잘 스며든다.

캐릭터 김밥은 일반 김의 절반을

한 장으로 간주해요.

김 다루기

겉과 안 구별하기

겉은 반짝반짝 윤기가 나고 안은 거칠거칠하다.
재료를 올릴 때는 거칠거칠한 안쪽 면에 올린다.

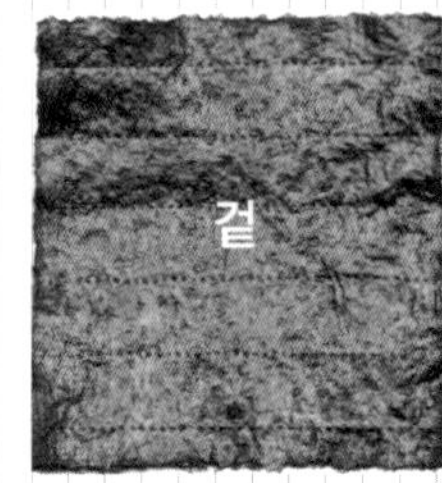

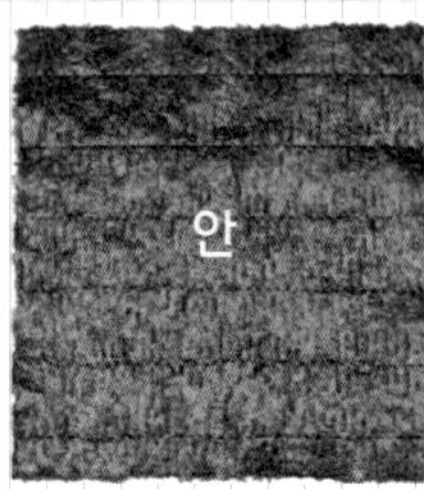

크기

캐릭터 김밥에서 김 한 장의 크기는 일반 김 크기의 절반이다. 즉 일반 김을 반으로 잘라 한 장으로 사용하며 본문에는 **1김**으로 표기한다.

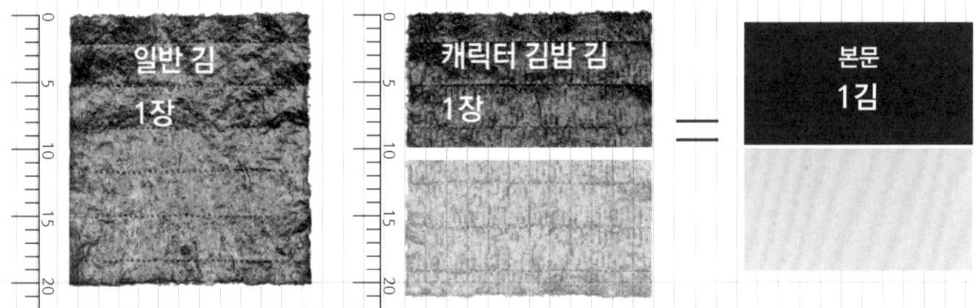

캐릭터 김밥의 재료는 무궁무진하지만
이 책에서는 어디서나 쉽게 구할 수 있는
재료들을 사용해요.

재료 소개

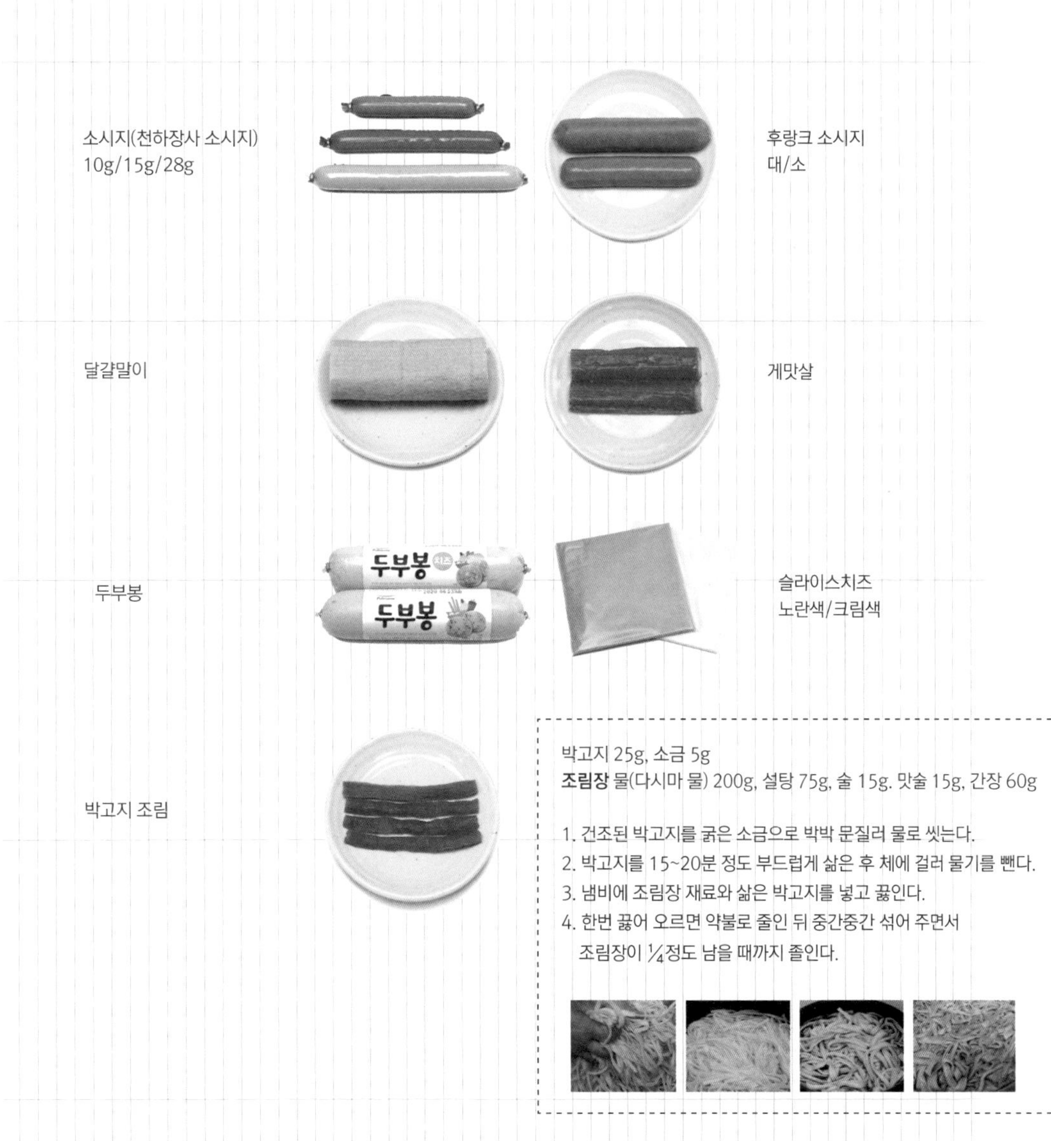

박고지 25g, 소금 5g
조림장 물(다시마 물) 200g, 설탕 75g, 술 15g, 맛술 15g, 간장 60g

1. 건조된 박고지를 굵은 소금으로 박박 문질러 물로 씻는다.
2. 박고지를 15~20분 정도 부드럽게 삶은 후 체에 걸러 물기를 뺀다.
3. 냄비에 조림장 재료와 삶은 박고지를 넣고 끓인다.
4. 한번 끓어 오르면 약불로 줄인 뒤 중간중간 섞어 주면서 조림장이 ¼정도 남을 때까지 졸인다.

캐릭터 김밥을 시작하기 전

여섯 가지 기본 과정을 익혀 두세요.

1 김 연결하기

2개의 김을 연결할 때는 한쪽 김에 밥알을 붙이고 연결할 김을 겹쳐 올려 손으로 꾹꾹 누른다.

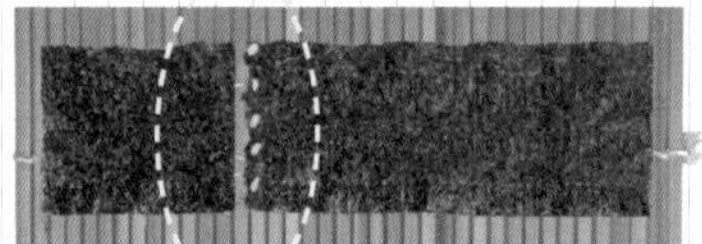

2 밥 펴기

밥을 넓게 펼 때는 밥을 세 덩어리로 나눠서 김에 올린 다음 김 크기에 맞춰 최대한 고르게 편다.

3 말기

김발을 활용해 여러 가지 형태의 밥을 만든다.

원 | 삼각형 | 사각형 | 물방울 | 반원

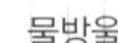
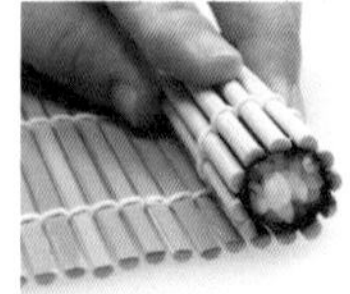
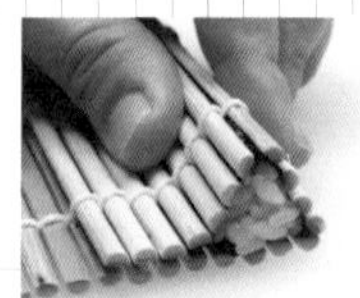

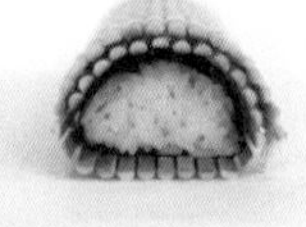

4 **닫기**

캐릭터 김밥은 한 손으로 김발을 든 채 마무리하는 경우가 많다. 김발을 손바닥 위에 올리고 왼쪽(오른쪽) 김발을 덮은 다음 오른쪽(왼쪽) 김발을 덮어 김을 닫는다.

5 **정리하기**

김을 닫은 후 김밥의 양 끝을 손이나 젖은 행주로 눌러 모양을 다듬는다.

6 **썰기**

김밥을 김발로 고정한 상태에서 4개로 썬다.

장식 꽃으로 캐릭터 도시락을
꾸며 보세요.

도시락 꾸미기

◎ 달걀지단 꽃

1. 지단을 반으로 접어 접힌 부분에 칼집을 낸다.
2. 칼집이 없는 부분을 돌돌 말아 꽃을 만든다.
3. 지단의 끝부분에 튀긴 스파게티 면을 꽂아 고정한다.

| 활용 |

1. 칼집을 낸 지단에 후랑크소세지를 넣고 돌돌 만다.
2. 지단의 끝부분을 튀긴 스파게티 면으로 고정한다.

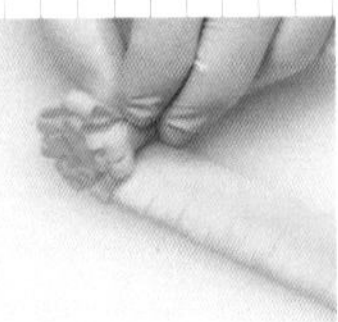

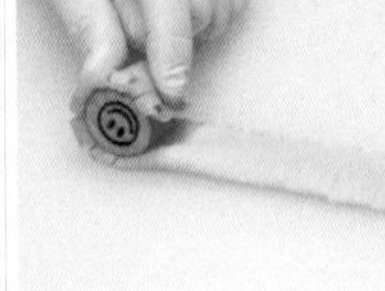

◎ 슬라이스햄 꽃

1. 슬라이스햄을 반으로 자르고 중간 부분에 칼집을 낸다.
2. 슬라이스햄을 반으로 접어 칼집이 없는 부분을 돌돌 말아 꽃을 만든다.
3. 햄의 끝부분에 튀긴 스파게티 면을 꽂아 고정한다.

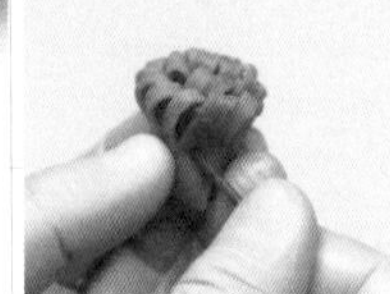

◎ 당근 꽃

1. 틀을 이용해 당근을 꽃모양으로 찍어내고 살짝 데친다.
2. 꽃잎 중앙에 칼집을 낸다.
3. 꽃잎의 반을 포를 뜨듯 도려낸다.

◎ 달걀말이 사과 꽃

1. 달걀지단과 맛살 2개를 같은 너비로 잘라 준비한다.
2. 맛살 2개를 겹쳐서 지단으로 돌돌 만다.
3. 적당한 크기로 자른다.
4. 지단의 끝부분을 튀긴 스파게티 면을 꽂아 고정한다.
5. 검정깨로 씨를 장식하고 브로콜리로 꼭지를 만들어 붙인다.

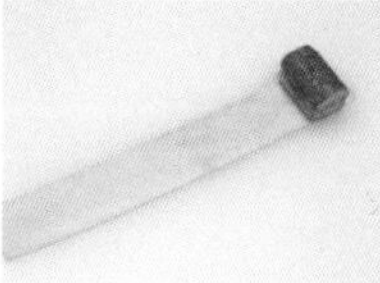
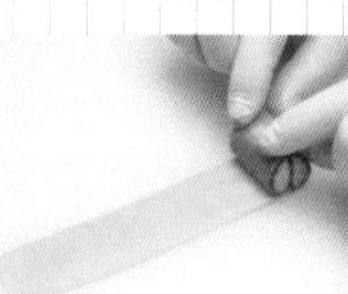

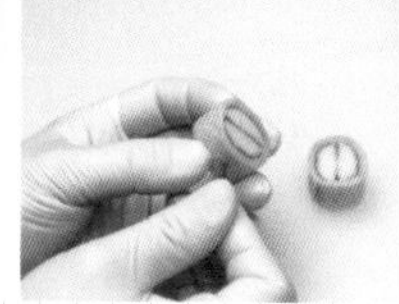
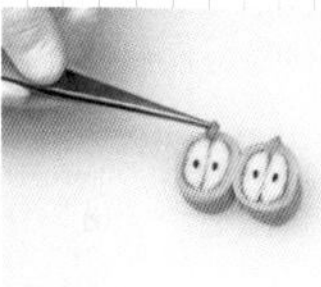

◎ 슬라이스 햄 치즈말이

1. 슬라이스 햄 위에 치즈를 올린다.
2. 돌돌 만다.
3. 적당한 크기로 자른다.
4. 픽으로 여러 개를 함께 꽂는다.

좋아하는 캐릭터를
직접 만들어 보는

PART 1

캐릭터 김밥

펭수 김밥

두꺼운 입술과 헤드셋이 포인트인 펭수!
슬라이스 햄으로 볼에 포인트를 주면서 귀엽게 꾸며 보세요.

준비

밥	김	재료
흰색 100g, 검은색 80g	1, ¾, ½	**속** 슬라이스 치즈 1장 **장식** 천하장사 소시지(15g) 1개 슬라이스 치즈(크림색, 노란색) 약간 슬라이스 햄 약간

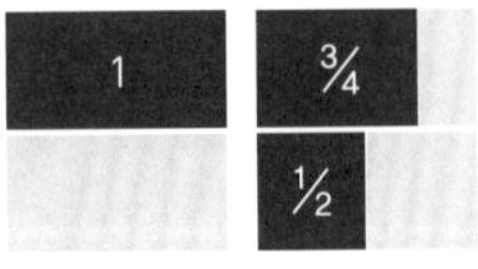

부분

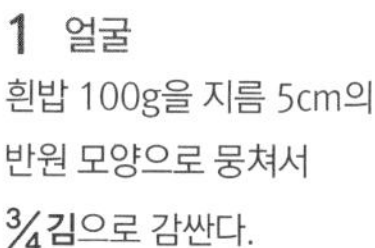

1 얼굴
흰밥 100g을 지름 5cm의 반원 모양으로 뭉쳐서 $\frac{3}{4}$**김**으로 감싼다.

조립

2 머리
1김의 한쪽 끝을 3cm 띄우고 검은색 밥 80g을 고르게 편다.

3
밥 중앙에 1을 올린다.

4
한 손으로 김발을 올려 쥔 채 김발을 이용해 김을 닫는다.

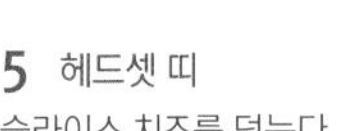

조립

5 헤드셋 띠
슬라이스 치즈를 덮는다.

6
½김을 덮고 김발로
잠시 고정한다.

7
김밥의 양 끝을 손으로 눌러
모양을 다듬고 4개로 썬다.

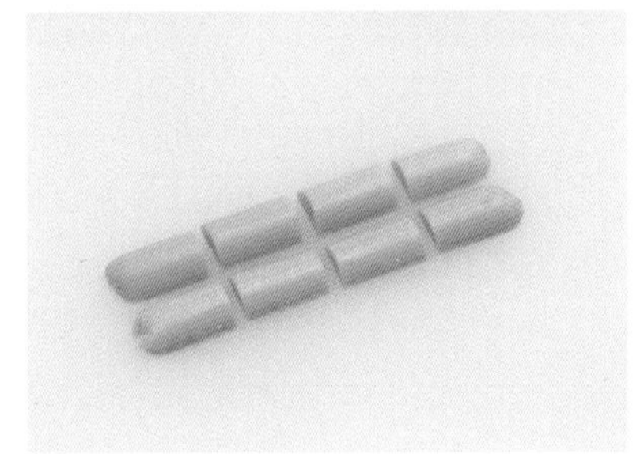

8 헤드셋
소시지를 반으로 가른 뒤
4등분 해 8개로 만든다.

9 눈·코·입 붙이기

눈 버블티용 빨대로 크림색 치즈를 동그랗게 찍어 낸다.

눈동자·콧구멍 김펀치나 가위를 이용해 김을 적당한 크기로 모양 낸다.

볼 터치 주스용 빨대로 슬라이스 햄을 동그랗게 찍어 낸다.

코 주스용 빨대로 노란색 치즈를 반원 모양으로 찍어 낸다.

윗 입술 슬라이스 치즈를 2.2X0.3cm 크기로 잘라서 주스용 빨대를 이용해 양 끝 모서리를 둥글게 자른다.

아랫 입술 버블티용 빨대로 슬라이스 치즈를 반원 모양으로 찍어낸 뒤 주스용 빨대로 가운데를 뚫는다.

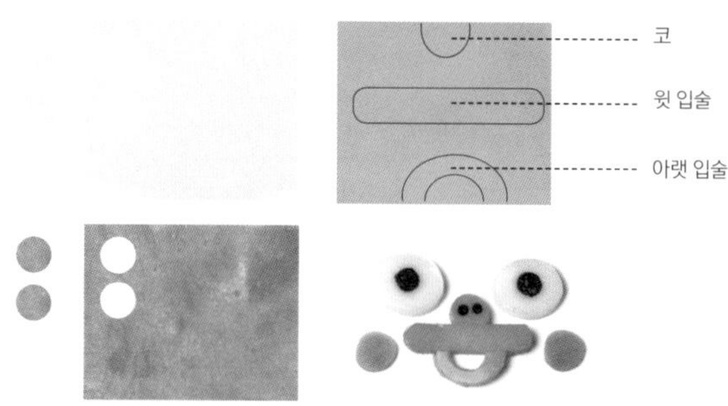

10 헤드셋 붙이기

8의 소시지 위에 슬라이스 햄을 반원 모양으로 잘라 올리고

얼굴 양옆에 붙여 완성한다. *잘 붙지 않을 경우 스파게티 면을 심지로 활용해 고정한다.

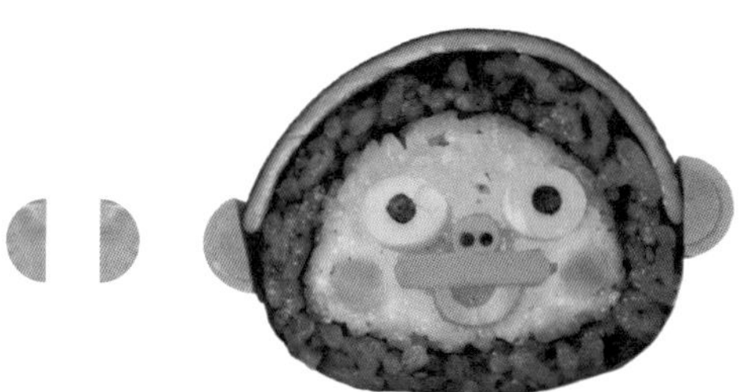

아기상어 김밥

밥 색깔에 따라 다양한 변신이 가능해요.
눈과 이빨 모양을 자유롭게 표현해 보세요.

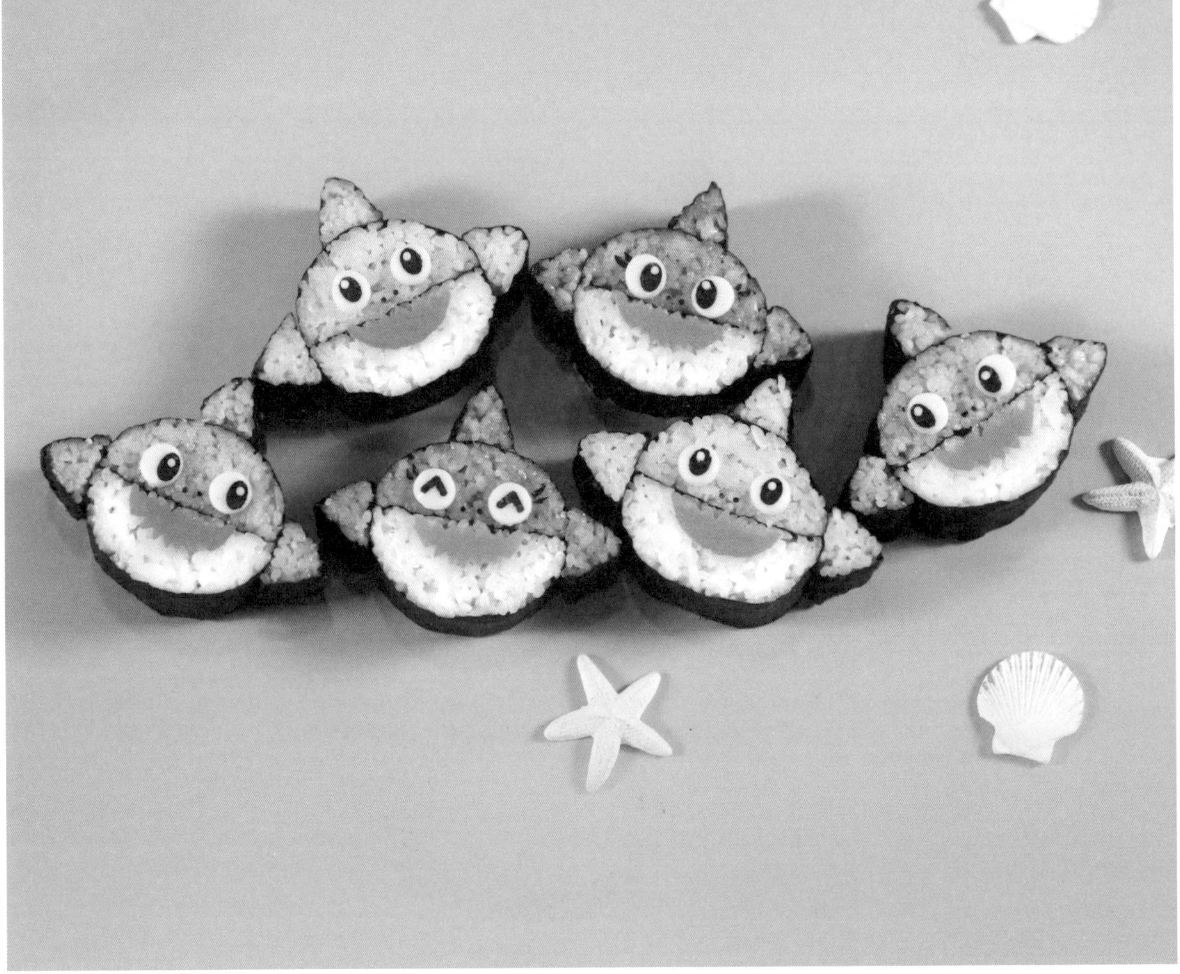

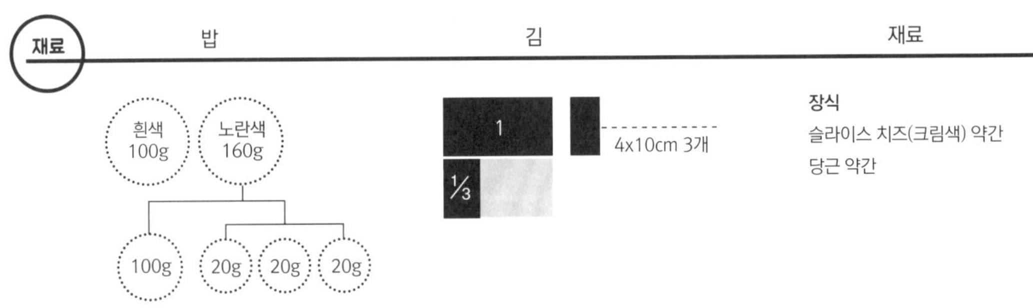

부분

1 지느러미
노란색 밥 20g 3개를 각각 10cm 길이의 삼각형 모양으로 뭉치고 **4x10cm 김**으로 감싼다.

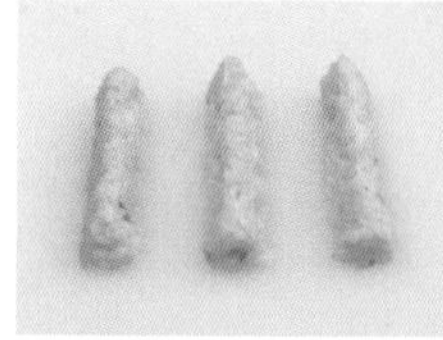

2 얼굴
흰밥 100g과 노란색 밥 100g을 각각 길이 10cm, 지름 6cm의 반원 모양으로 뭉치고 흰밥만 바닥에 **⅓김**을 깐다.

조립

3
노란색 밥이 위에 오도록 흰밥과 포갠 다음 1**김** 중앙에 올린다.

4
한 손으로 김발을 올려 쥔 채 김발을 이용해 김을 닫는다.

5
김밥의 양 끝을 손으로 눌러 모양을 다듬고 4개로 썬다.

6
1을 각각 4등분 해 12개로 만든다.

장식

7 눈·코·입 붙이기
입&이빨 당근을 슬라이스한 뒤 칼 끝을 이용해 모양을 만든다.
눈 버블티용 빨대로 슬라이스 치즈를 동그랗게 찍어 낸다.
눈동자·콧구멍 김펀치나 가위를 이용해 김을 적당한 크기로 모양 낸다.

8 지느러미 붙이기
6을 얼굴 양옆과 머리 위에 붙여 모양을 완성한다.

라이언 김밥

동그란 얼굴과 작은 눈이 특징인 라이언.
소시지를 이용해 코를 강조하고 나머지는 김으로 장식해요.

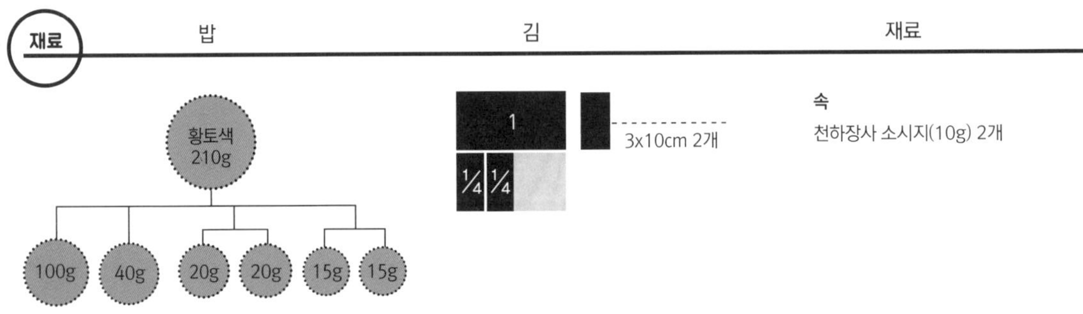

부분

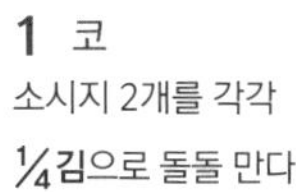

1 코
소시지 2개를 각각
¼**김**으로 돌돌 만다.

2 귀
황토색 밥 15g 2개를 각각
반원 모양으로 길게 뭉치고
3x10cm 김으로 감싼다.

조립

3 얼굴
1김의 한쪽 끝을 4cm 띄우고
황토색 밥 100g을
고르게 편다.

4
밥 중앙에 황토색 밥 20g을
3cm 너비로 평평하게
올린다.

5
1의 소시지를 중앙에 올리고
황토색 밥 40g으로 주변을
둥글게 감싼다.

6
황토색 밥 20g을
볼록하게 올린다.

7
한 손으로
김발을 올려 쥔 채
김발을 이용해
김을 닫는다.

8
김밥의 양 끝을 손으로 눌러
모양을 다듬고 4개로 썬다.

9
2를 각각 4등분 해
8개로 만든다.

장식

10 눈썹·눈동자·코 붙이기
김펀치나 가위를 이용해 김을 적당한
크기로 모양낸다.

11 귀 붙이기
9를 머리 위에 붙여 완성한다.

뽀로로 김밥

뽀로로의 크고 동글동글한 안경,
작고 귀여운 입술은 노란색 치즈로 표현해요.
눈 모양을 여러 가지로 오려 다양한 표정을 만들어 보세요.

재료

밥 / 김 / 재료

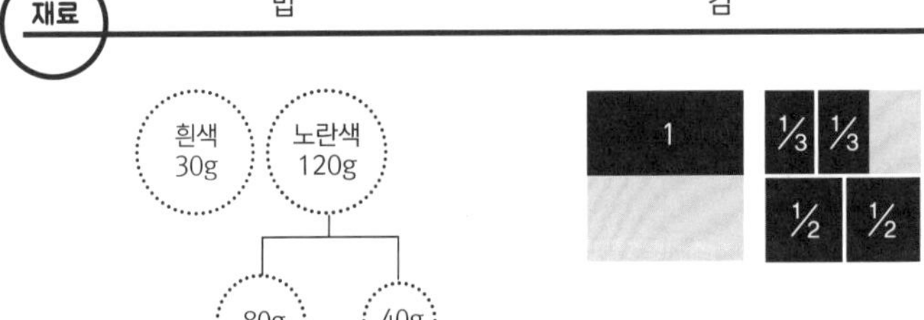

속

천하장사 소시지(15g) 2개
슬라이스 치즈(노란색) 5.5cm 2장

장식

슬라이스 치즈(노란색) 약간
밀전병(파란색) 약간

부분

1 눈
소시지 2개를 각각 10cm 길이로 잘라 $\frac{1}{3}$**김**으로 돌돌 만다.

2 안경테
1을 각각 5.5cm 슬라이스 치즈로 돌돌 만다. 치즈 비닐의 한쪽 면만 벗겨서 비닐을 김발처럼 사용하면 잘 말린다.

3
2를 각각 $\frac{1}{2}$**김**으로 한번 더 만다.

조립

4
1**김**의 한쪽 끝을 8cm 띄우고 노란색 밥 80g을 고르게 편다.

5
밥 중앙에 노란색 밥 40g을 4cm 너비로 평평하게 올린다.

6
3의 소시지 2개를 나란히 올린다.

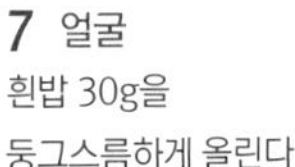

7 얼굴
흰밥 30g을
둥그스름하게 올린다.

8
한 손으로 김발을 올려 쥐고 다른
한 손으로 밥을 살짝 눌러
모양을 잡는다.

9
김발을 이용해 김을 닫는다.

10
김밥의 양 끝을 손으로 눌러
모양을 다듬고 4개로 썬다.

11 눈·코·입·모자·안경테 붙이기

모자 청치자 가루를 넣은 파란색 밀전병을 깍지(804호) 아랫부분을 이용해 지름 2cm 정도로 동그랗게 찍어낸다.

P자 슬라이스 치즈를 알파벳 P자 틀로 찍어 낸다.

입 주스용 빨대로 슬라이스 치즈를 동그랗게 찍어 낸다.

안경테 슬라이스 치즈를 적당한 크기로 자른다.

눈동자·입 김펀치나 가위를 이용해 김을 적당한 크기로 모양 낸다.

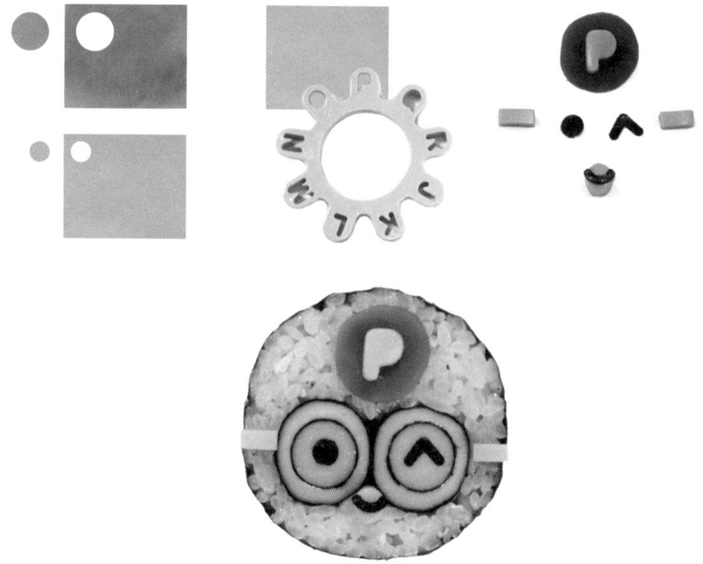

05 미니언즈 김밥

미니언즈의 크고 두꺼운 안경은 노란색 슬라이스 치즈로,
안경 다리는 김을 이용해 만들어요.
눈의 모양과 위치, 입 모양을 달리해 여러 가지 재미있는 표정을 연출해 보세요.

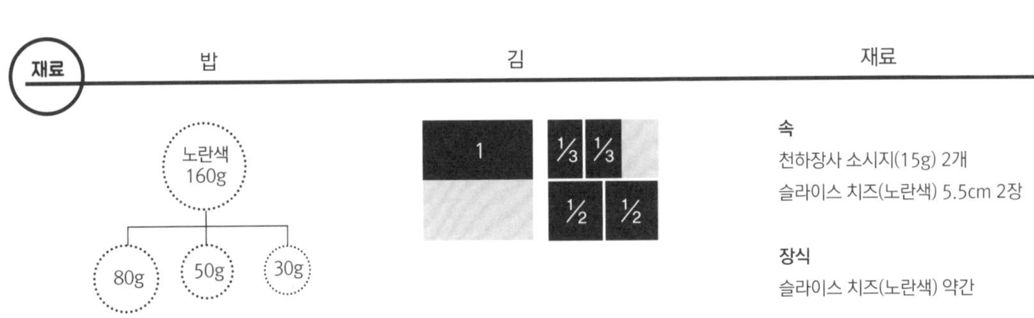

속

천하장사 소시지(15g) 2개

슬라이스 치즈(노란색) 5.5cm 2장

장식

슬라이스 치즈(노란색) 약간

부분

1 눈
소시지 2개를 각각 10cm 길이로 자르고 ⅓김으로 돌돌 만다.

2 안경
1을 각각 5.5cm 슬라이스 치즈로 돌돌 만다. 치즈 비닐의 한쪽 면만 벗겨서 비닐을 김발처럼 사용하면 잘 말린다.

3
½김으로 한번 더 만다.

조립

4 얼굴
1김의 양쪽 끝을 3cm씩 띄우고 노란색 밥 80g을 고르게 편다.

5
노란색 밥 30g을 중앙에 4cm 너비로 평평하게 올린다.

6
중앙에 3을 나란히 올린다.

7
노란색 밥 50g을 볼록하게 올린다.

8
한 손으로 김발을 올려 쥐고 다른 한 손으로 밥을 살짝 눌러 모양을 잡는다.

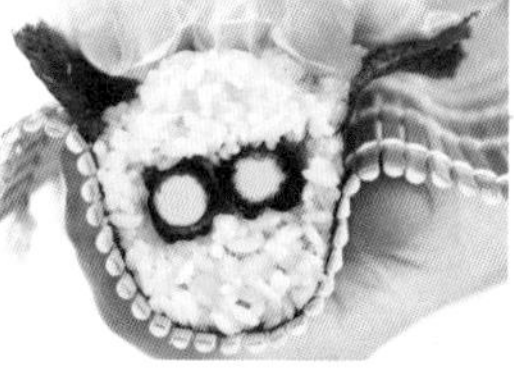

9
김발을 이용해 좌우 김을 덮는다.

10
김밥의 양 끝을 손으로 눌러 모양을 다듬고 4개로 썬다.

장식

11 눈·입·머리카락·안경다리 붙이기
김펀치나 가위를 이용해 김을 적당한 크기로 모양 낸 뒤 얼굴에 붙이고 완성한다.

보노보노 김밥

보노보노는 작은 눈과 귀여운 수염이 특징이에요.
소시지 2개를 나란히 붙여 돌돌 만 뒤 잘게 자른 김을 붙여 수염을 표현해요.

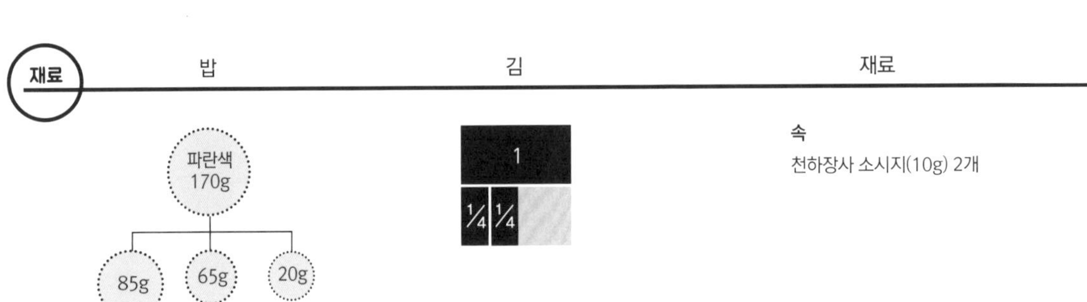

부분

1 코
소시지 2개를 각각
¼김으로 돌돌 만다.

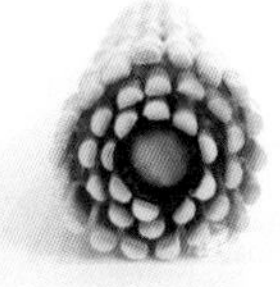

2
김이 들뜨지 않고
잘 붙어 있도록
김발에 잠시 말아 둔다.

조립

3 얼굴
1김의 한쪽 끝을 3cm 띄우고
파란색 밥 85g을 고르게 편다.

4
밥 중앙에 파란색 밥 20g을
4cm 너비로 평평하게
올린다.

5
중앙에 2를 나란히 올린다.

6
파란색 밥 65g으로
소시지 주변을
둥글게 감싼다.

7
한 손으로 김발을 올려
쥐고 다른 한 손으로 밥을
살짝 눌러 모양을 잡는다.

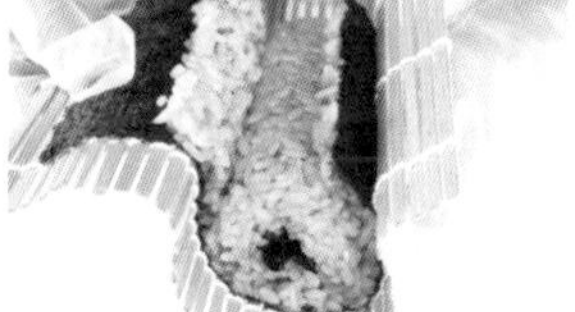

8
김발을 이용해
좌우 김을 덮는다.

9
김밥의 양 끝을 손으로 눌러
모양을 다듬고 4개로 썬다.

장식

10 눈·코·수염 붙이기
김펀치나 가위를 이용해
김을 적당한 크기로 모양 낸 뒤
얼굴에 붙이고 완성한다.

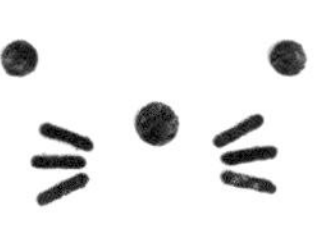

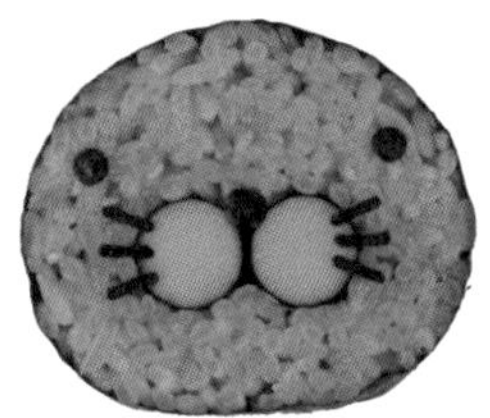

호빵맨 김밥

통통한 볼과 큰 코가 트레이드 마크인 호빵맨.
소시지 크기를 달리해 볼과 코를 표현해요.

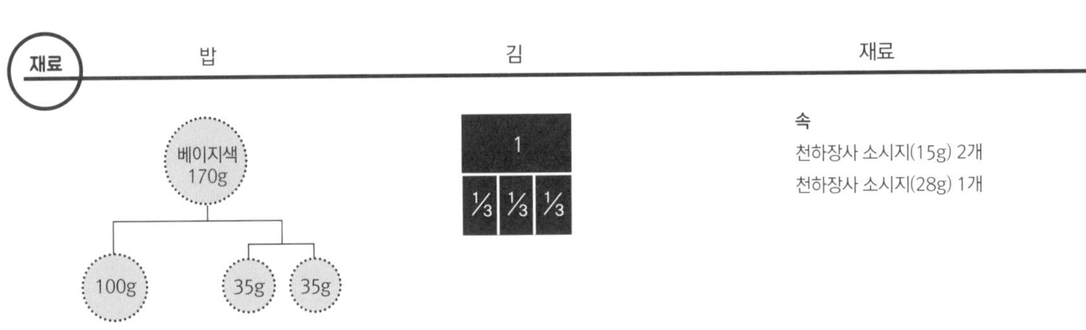

속

천하장사 소시지(15g) 2개

천하장사 소시지(28g) 1개

부분

1 볼·코
소시지 3개를 각각
⅓**김**으로 돌돌 만다.

조립

2 얼굴
1**김**의 한쪽 끝을 3cm 띄우고
베이지색 밥 100g을
고르게 편다.

3
밥 중앙에
베이지색 밥 35g을
3cm 너비로 평평하게
올린다.

4
두꺼운 소시지를 가운데로
1을 나란히 올린다.

5
가운데 큰 소시지 위에
베이지색 밥 35g을
볼록하게 올린다.

6
한 손으로 김밥을 올려 쥐고
다른 한 손으로 밥을 살짝
눌러 모양을 잡은 뒤 김발을
이용해 김을 닫는다.

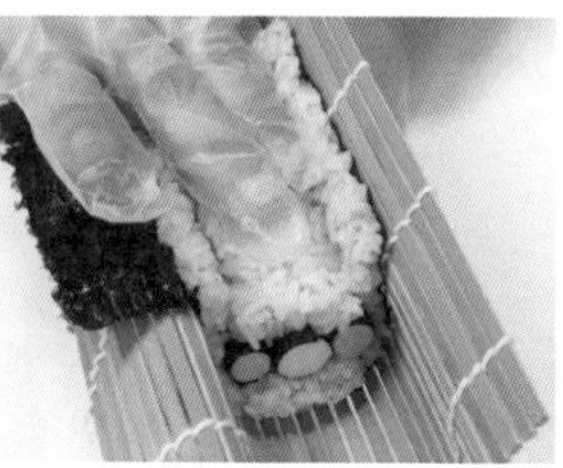

7
김밥의 양 끝을 손으로
눌러 모양을 다듬고
4개로 썬다.

장식

8 눈·눈썹·입 붙이기
김펀치나 가위를 이용해 김을 적당한 크기로
모양 낸 뒤 얼굴에 붙이고 완성한다.

08 토토로 김밥

김을 산 모양으로 잘라 배 부위에 붙이면
토토로의 볼록하고 통통한 배를 강조할 수 있어요.
눈의 크기와 모양을 다양하게 꾸며 보세요.

재료

밥

김

재료

장식
슬라이스 치즈(크림색) 약간
스파게티 약간

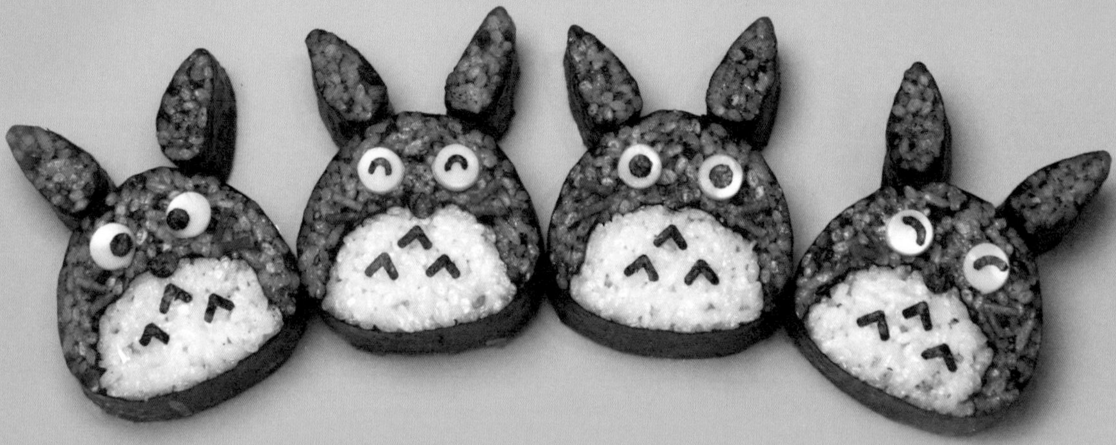

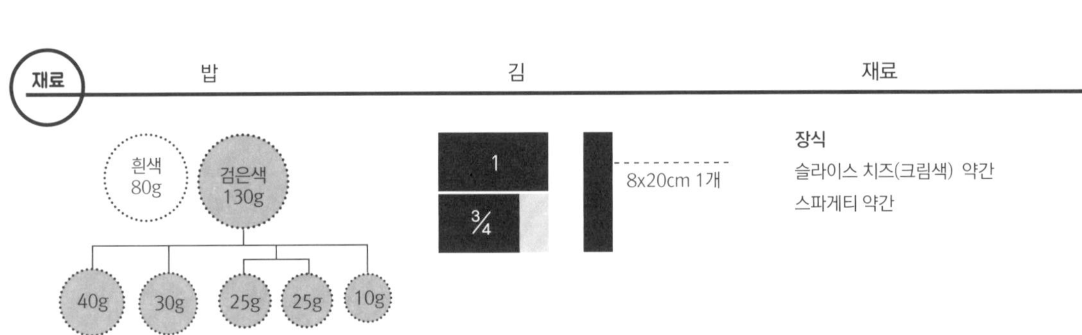

부분

1 배
흰밥 80g을 지름 4cm의 반원 모양으로 뭉치고 ¾**김**으로 감싼다.

2 귀
8x20cm 김에 검은색 밥 40g을 반원 모양으로 길게 뭉쳐 올리고 김발을 이용해 물방울 모양으로 매만진다.

조립

3
1김의 왼쪽 끝을 5cm 띄운 자리에 1을 올린다.

4 머리
3 위에 검은색 밥 30g을 평평하게 올리고 양옆으로 검은색 밥 25g씩 5cm 너비로 평평하게 올린다.

5
가운데 밥에 검은색 밥 10g을 삼각형 모양으로 올린다.

6
한 손으로 김발을 올려 쥐고 다른 한 손으로 밥을 살짝 눌러 모양을 잡은 뒤 김발을 이용해 김을 닫는다.

7
김밥의 양 끝을 손으로 눌러 모양을 다듬고 4개로 썬다.

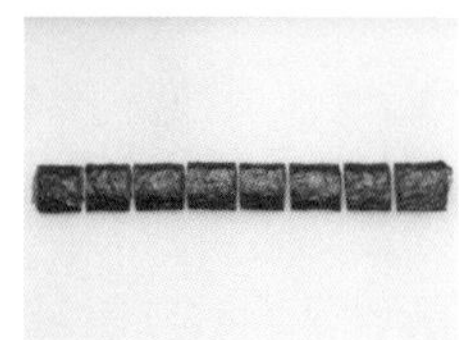

8
2를 8등분 한다.

장식

9 눈·코·배·수염 붙이기
눈 깍지(804호)로 슬라이스 치즈를 동그랗게 찍어 낸다.
눈동자·코·배 김펀치나 가위를 이용해 김을 적당한 크기로 모양 낸다.
수염 스파게티 면을 볶거나 튀겨 적당한 크기로 자른다.

10 귀 붙이기
8을 머리 위에 붙이고 완성한다.
*잘 붙지 않을 경우 스파게티 면을 심지로 활용해 고정한다.

도라에몽 김밥

웃고 있는 도라에몽의 큰 입은 후랑크 소시지가 어울려요.
눈의 크기와 모양을 달리해 여러 가지 재밌고 다양한 표정을 연출해 보세요.

재료

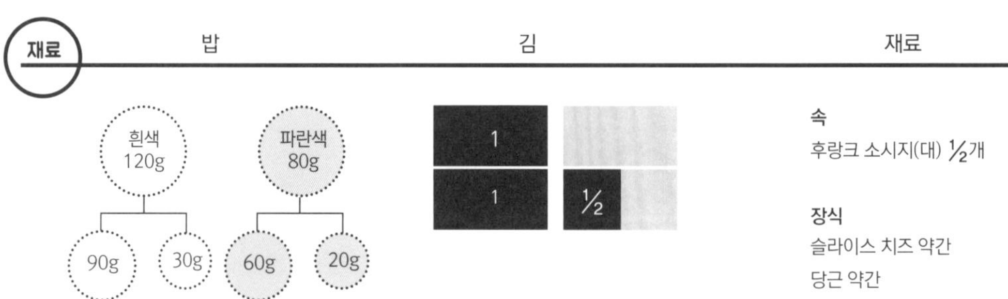

재료

속

후랑크 소시지(대) ½개

장식

슬라이스 치즈 약간

당근 약간

부분

1 입
후랑크 소시지를 반으로 가른 뒤 ½**김**으로 감싼다.

2 얼굴
1**김**의 한쪽 끝을 5cm 띄우고 흰밥 90g을 고르게 편 뒤 중앙에 흰밥 30g을 5cm 너비로 편다.

3
흰밥 중앙에 1을 올린다.

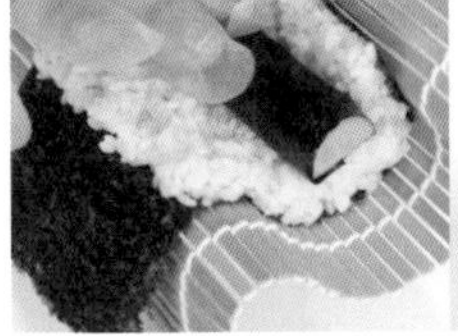

4
한 손으로 김발을 올려 쥔 채 김발을 이용해 김을 닫는다.

조립

5 머리
또 다른 1**김**의 양 끝을 3cm 띄우고 파란색 밥 60g을 고르게 편다.

6
밥 중앙에 파란색 밥 20g을 5cm 너비로 평평하게 올린다.

7
중앙에 4를 올린다.

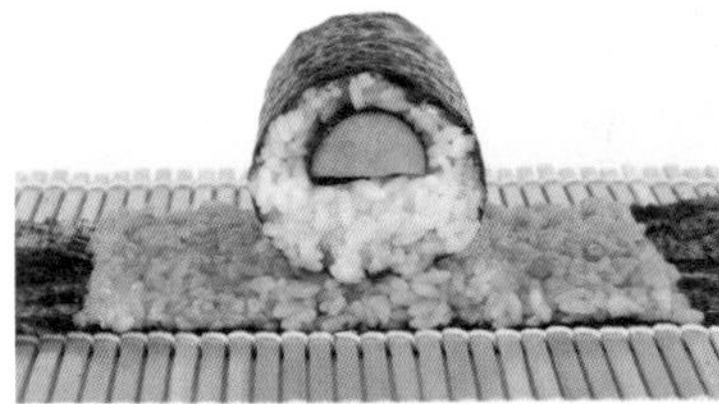

8
한 손으로 김발을 올려 쥔 채 김발을 이용해 김을 덮는다.

9
김밥의 양 끝을 손으로 눌러 모양을 다듬고 4개로 썬다.

장식

10 눈·코·수염 붙이기
눈 버블티용 빨대로 슬라이스 치즈를 동그랗게 찍어 낸다.
코 당근을 슬라이스한 뒤 주스용 빨대로 동그랗게 찍어 낸다
눈동자·수염 김펀치나 가위를 이용해 김을 적당한 크기로 모양 낸 뒤 얼굴에 붙이고 완성한다.

10 마이멜로디 김밥

예쁘고 깜직한 마이멜로디는 분홍색 밥으로 머리를 표현하고
크림색과 노란색 치즈로 코와 머리핀에 포인트를 줘요.

재료

밥

흰색 80g / 분홍색 130g

35g, 35g, 20g, 20g, 20g

김

1

$\frac{3}{4}$

$\frac{1}{3}$

재료

장식

슬라이스 치즈(크림색, 노란색) 약간

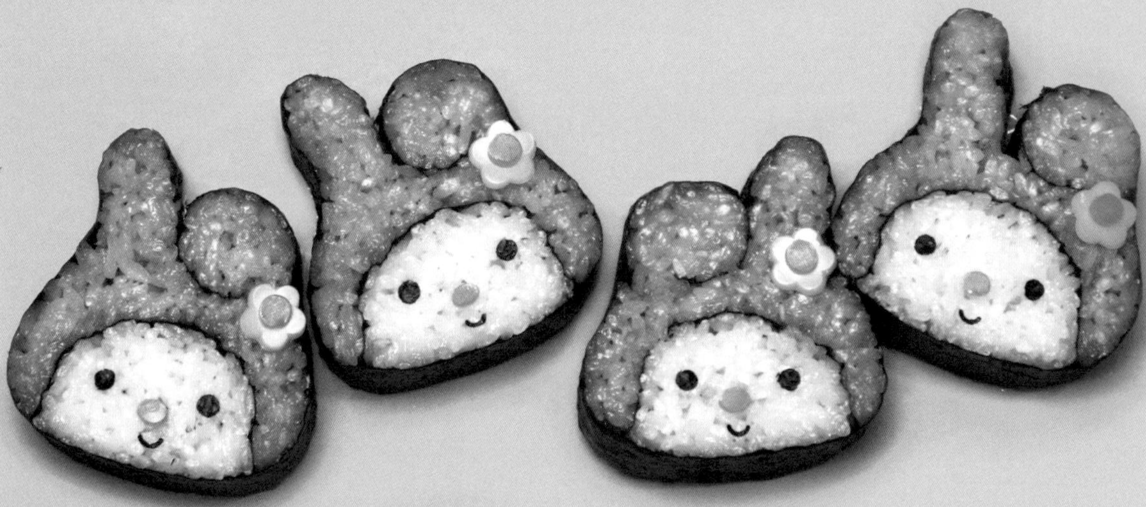

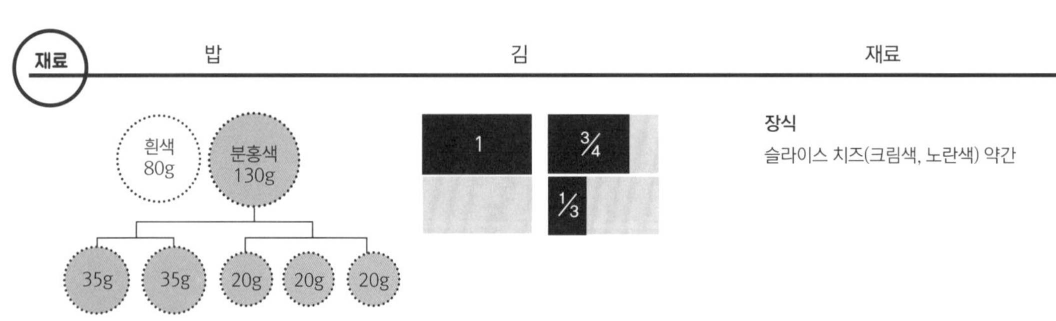

부분

1 얼굴
흰밥 80g을 지름 4cm의 반원 모양으로 길게 뭉치고 $\frac{3}{4}$**김**으로 감싼다.

2 귀
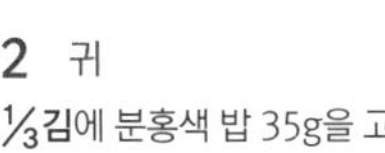
$\frac{1}{3}$**김**에 분홍색 밥 35g을 고르게 펴서 돌돌 만다.

조립

3
1김 중앙에 1을 올린다.

4 모자
분홍색 밥 20g 3개를 각각 상단과 좌우에 3cm 너비로 평평하게 올린다.

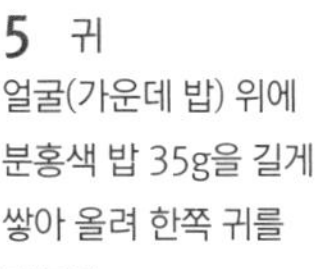

5 귀
얼굴(가운데 밥) 위에 분홍색 밥 35g을 길게 쌓아 올려 한쪽 귀를 만든다.

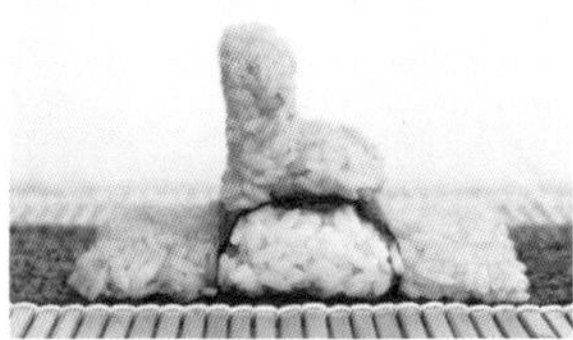

6
바로 옆에 2를 붙여 나머지 귀를 완성한다.

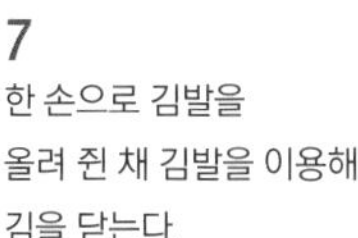

7
한 손으로 김발을 올려 쥔 채 김발을 이용해 김을 닫는다.

8
김밥의 양 끝을 손으로 눌러 모양을 다듬고 4개로 썬다.

장식

9 눈·코·입·머리 장식 붙이기
머리 장식 크림색과 노란색 슬라이스 치즈를 꽃모양 틀로 찍어 꽃 장식을 만든다.
코 주스용 빨대로 노란색 치즈를 살짝 눌러 타원형으로 찍어 낸다.
눈·입 김펀치나 가위를 이용해 김을 적당한 크기로 모양낸 뒤 얼굴에 붙여 완성한다.

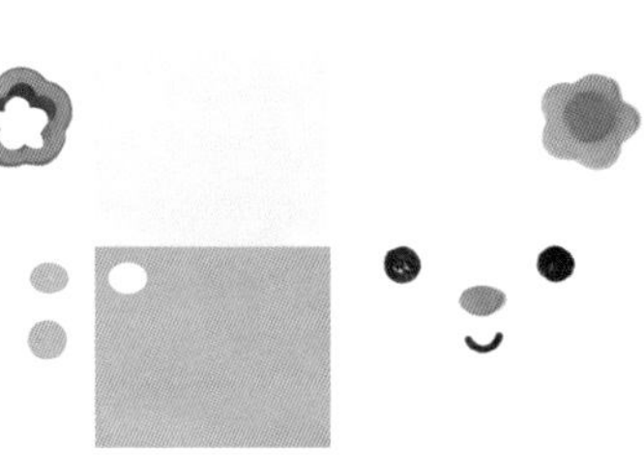

피카츄 김밥

피카츄는 길고 뾰족한 귀가 특징이에요.
밥을 삼각형 모양으로 뭉쳐서 모양을 잡고
귀 끝을 김으로 강조해 보세요.

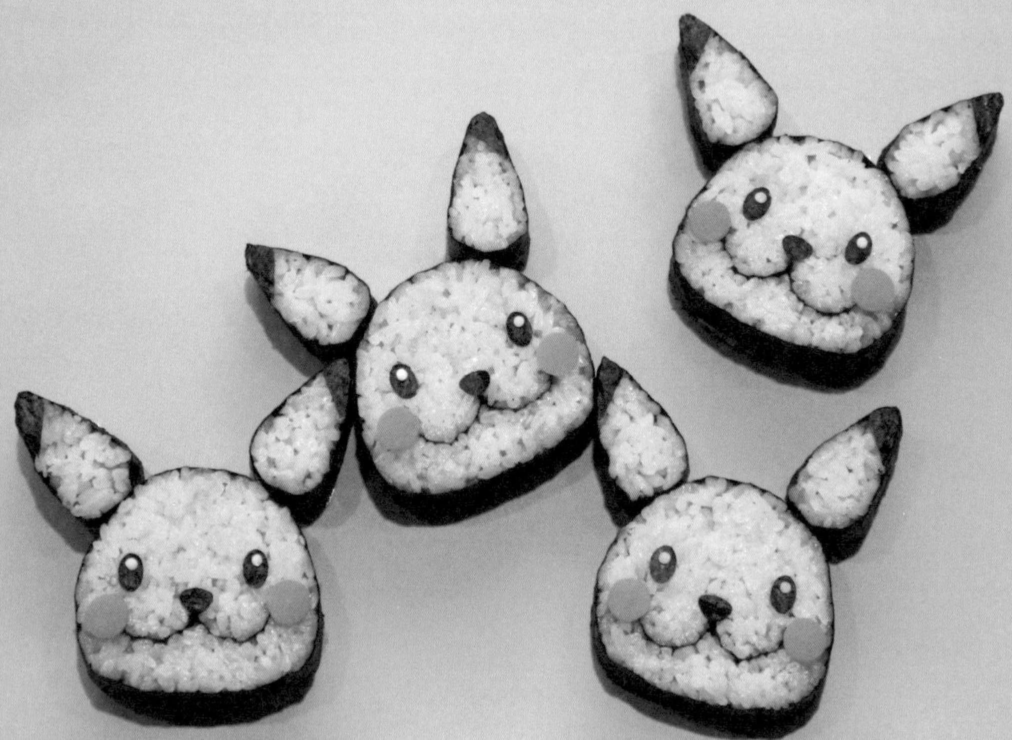

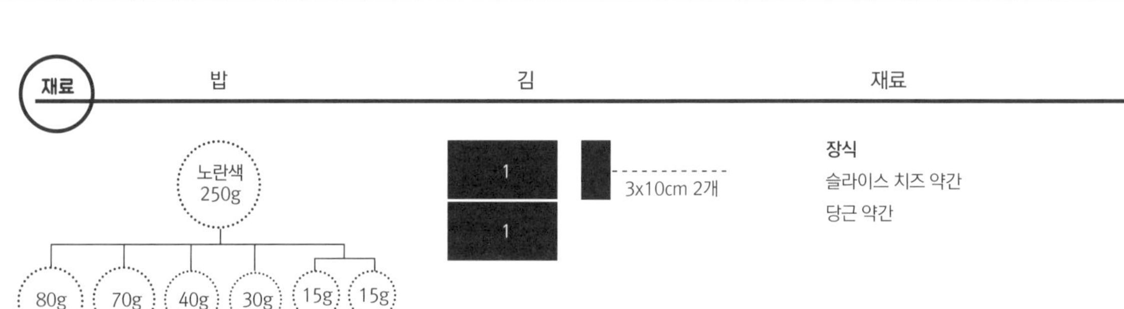

부분

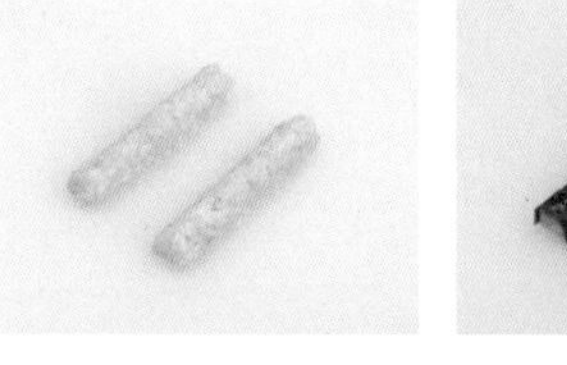

1 입
노란색 밥 15g 2개를 각각 10cm 길이의 반원 모양으로 뭉치고 **3x10cm 김**을 덮는다.

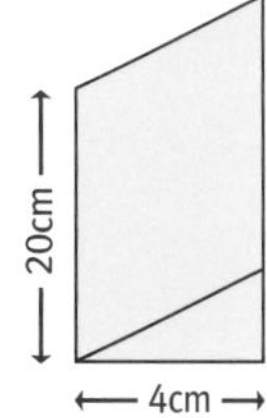

2 귀
노란색 밥 70g을 밑변 4cm의 직각삼각형 모양으로 뭉치고 **1김**에 올린다.

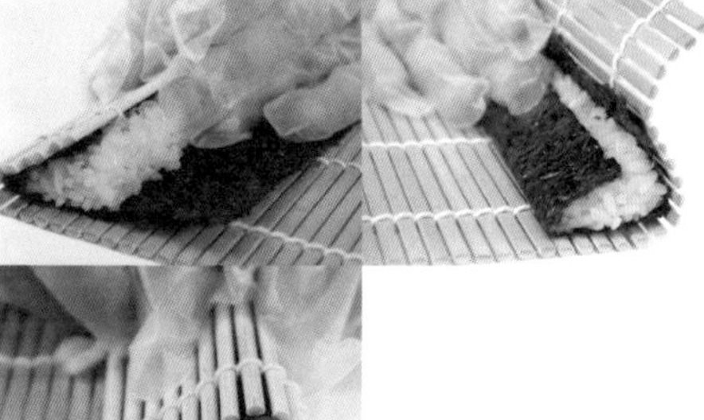

3
김발을 이용해 김을 감싼다.

조립

4 얼굴
또 다른 **1김**의 한쪽 끝을 6cm 띄우고 노란색 밥 80g을 고르게 편다.

5
밥 중앙에 노란색 밥 40g을 4cm 너비로 평평하게 올린다.

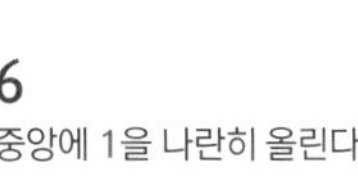

6
중앙에 1을 나란히 올린다.

7
노란색 밥 30g을 고르게 올린다.

8
한 손으로 김발을 올려 쥐고
다른 한 손으로 밥을 살짝 눌러
모양을 잡는다.

9
김발을 이용해 김을 닫는다.

10
김밥의 양 끝을 손으로 눌러
모양을 다듬고 4개로 썬다.

11
3을 8등분 한다.

12 눈·코·입·볼 붙이기

눈동자·코 아래 샘플을 참고로 김펀치나 가위를 이용해 김을 적당한 크기로 모양낸다.

눈망울 치즈를 작고 동그랗게 오려 붙인다.

볼 당근을 슬라이스한 뒤 깍지 등을 이용해 동그랗게 뚫는다.

13 귀 붙이기

김을 삼각형으로 잘라 11의 귀 끝에 붙인 다음 피카츄 머리 위에 붙이고 완성한다.

*잘 붙지 않을 경우 스파게티 면을 심지로 활용해 고정한다.

엉덩이탐정 김밥

엉덩이 모양의 얼굴은
2개의 타원형 밥을 붙여 표현하면 모양이 잘 잡혀요.

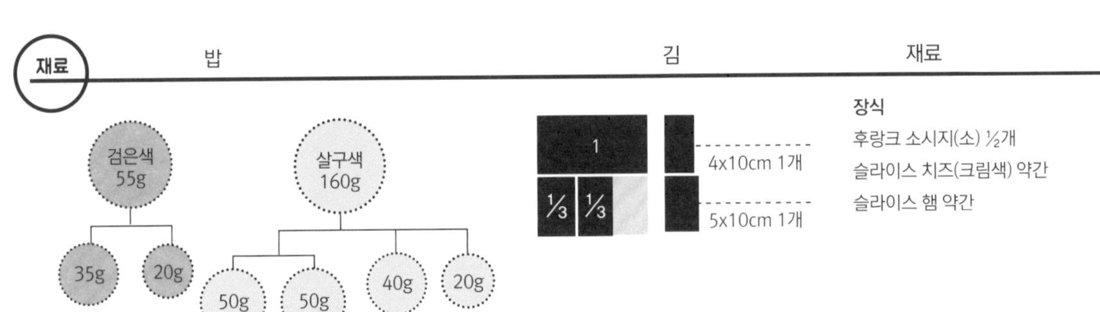

부분

1 얼굴
살구색 밥 50g 2개를 길이 10cm, 지름 3cm의 반원 모양으로 뭉치고 **⅓김**을 덮는다.

2 머리
검은색 밥 20g은 길이 10cm, 지름 3cm의 반타원형, 검은색 밥 35g은 길이 10cm, 지름 4cm의 반타원형으로 뭉친다.

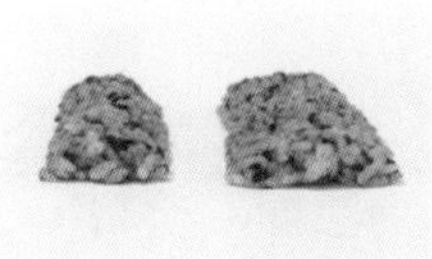

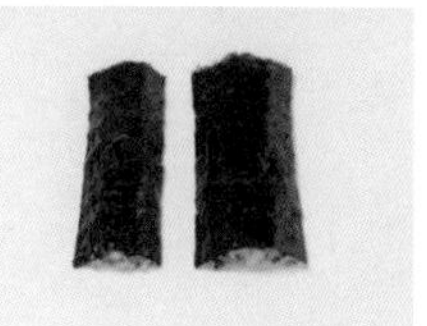

3
작은 밥은 **4x10cm 김**, 큰 밥은 **5x10cm 김**을 덮는다.

조립

4
김발 중앙에 젓가락 한 개를 놓고 **1김**을 올린다. 젓가락을 중심으로 양쪽에 1을 평평한 면이 위로 가게 올린다.

5
살구색 밥 40g을 평평하게 올린다.

6
살구색 밥 20g을 삼각형으로 뭉쳐 중심에서 오른쪽에 올린다.

7
3의 검은색 밥 20g은
오른쪽에 검은색 밥 35g은
왼쪽에 김이 아래로 가게
올린다.

8
한 손으로 김발을 올려 쥔 채
김발을 이용해 김을 닫는다.

9
김밥의 양 끝을 손으로 눌러
모양을 다듬고 4개로 썬다.

10 모자
후랑크 소시지를 반으로
가른 뒤 4등분 한다.

11 눈·볼 붙이기

눈 버블티용 빨대의 위아래를 살짝 눌러 슬라이스 치즈를 타원형으로 찍어 낸다.
눈동자와 눈썹 김펀치나 가위를 이용해 김을 적당한 크기로 모양낸다.
아이라인 김 위에 크림색 치즈로 만든 눈을 올리고 가장자리를 따라 오린다.
볼터치 주스용 빨대로 슬라이스 햄을 동그랗게 찍어 낸다.

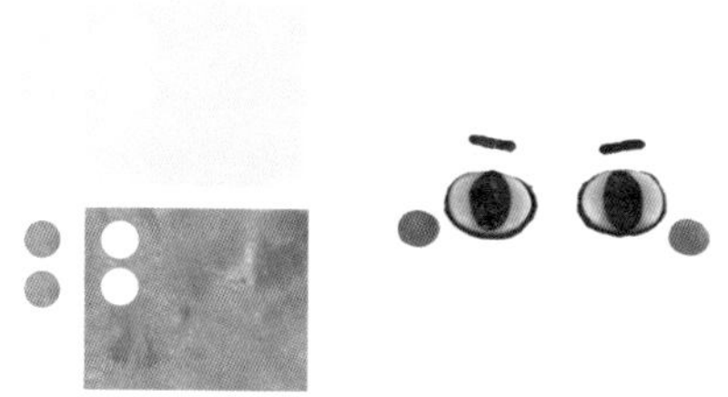

12 모자 붙이기

10의 후랑크 소시지 위에 김 장식을 붙여 모자를 완성하고 머리 위에 붙인다.

PART 2

동물 김밥

13 고양이 김밥

3색 밥으로 만든 얼룩무늬 고양이예요.
눈과 수염 모양을 여러 가지로 꾸며
고양이 특유의 무표정하면서도 사랑스러운 표정을 연출해 보세요.

준비

밥

김

재료

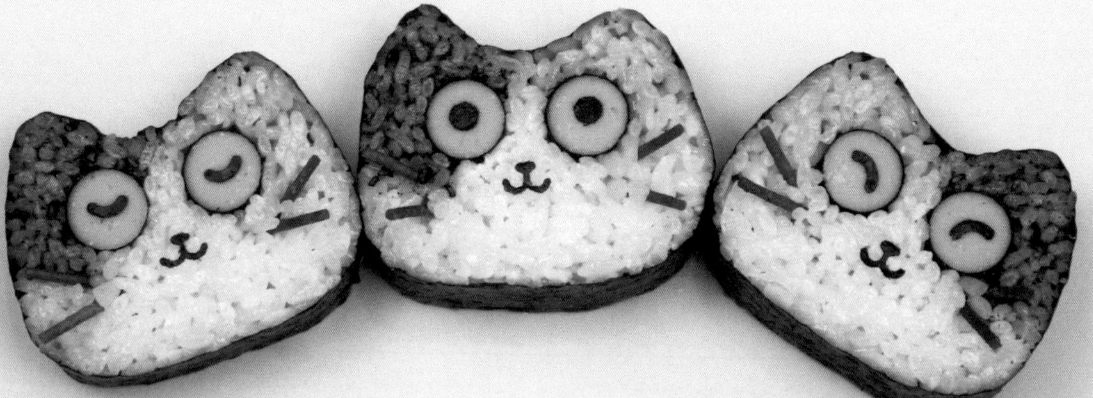

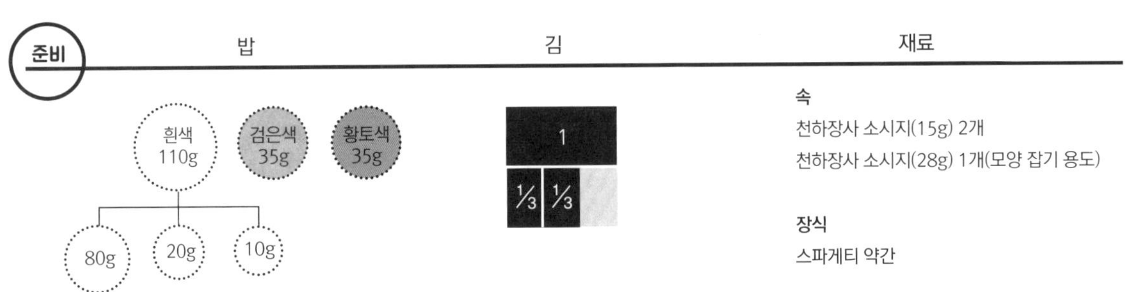

속

천하장사 소시지(15g) 2개
천하장사 소시지(28g) 1개(모양 잡기 용도)

장식

스파게티 약간

부분

1 눈
15g 소시지 2개를 각각
⅓김으로 돌돌 만다.

조립

2 얼굴
1김 중앙에 흰밥 80g을
8cm 너비로 고르게 편 뒤
중앙에 흰밥 20g을
4cm 너비로 평평하게 올린다.

3
흰밥 10g을 중앙에
볼록하게 올린다.

4
흰밥을 중심으로 좌우에
1의 소시지 2개를 올린다.

5
황토색 밥 35g을 반으로 나누어
오른쪽 소시지 옆을 채우고
검은색 밥 35g을 반으로 나누어
왼쪽 소시지 옆을 채운다.

6 귀
남은 황토색 밥과 검은색 밥을
삼각형으로 뭉쳐 소시지
위에 뾰족하게 올린다.

7
한 손으로 김발을 올려 쥐고
다른 한 손으로 밥을 살짝 눌러
모양을 잡은 뒤 김발을
이용해 김을 닫는다.

8
두 귀가 봉긋해지도록 머리
한가운데 소시지를 껍질째 넣고
모양을 살짝 잡아준 뒤 뺀다.

9
김밥의 양 끝을 손으로 눌러
모양을 다듬고
4개로 썬다.

장식

10 **눈·코·입 붙이기**
눈·코·입 김펀치나 가위를 이용해 김을 적당한 크기로 모양 낸다.
수염 스파게티 면을 볶거나 튀겨 적당한 크기로 자른다.

고양이 발바닥 김밥

이토록 귀여운 김밥을 완성하는 데 필요한 건
흰밥과 후랑크 소시지 뿐.

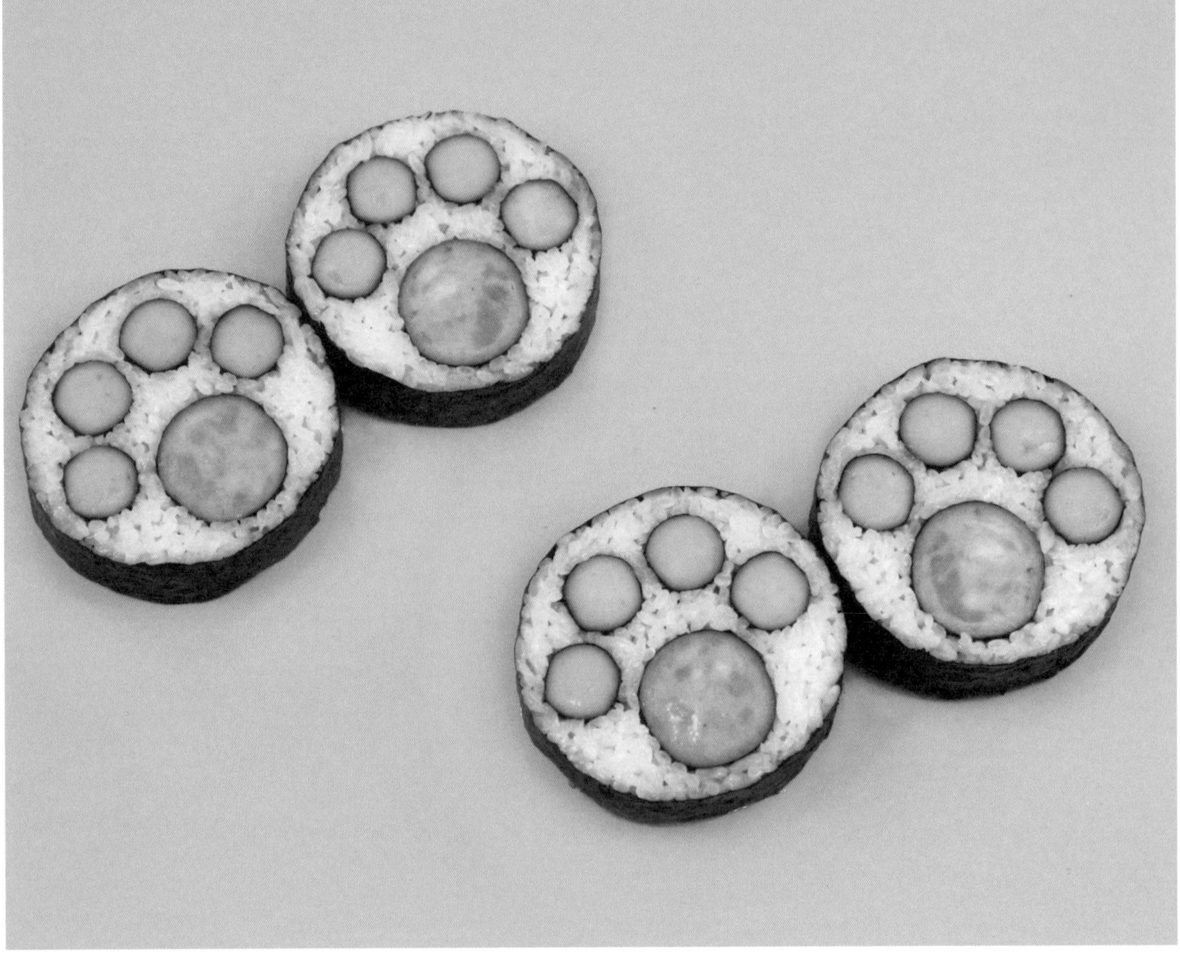

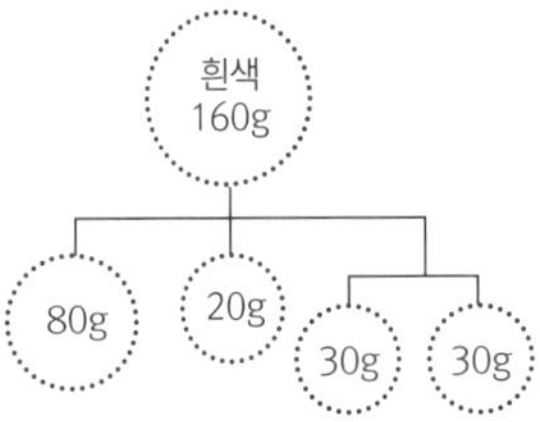

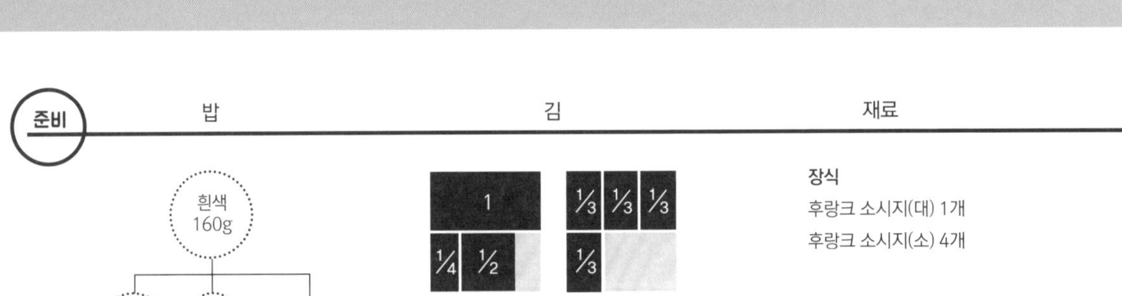

장식
후랑크 소시지(대) 1개
후랑크 소시지(소) 4개

부분

1 발가락
큰 소시지 1개는 ½김으로
작은 소시지 4개는 각각
⅓김으로 돌돌 만다.

2
흰밥 20g을 3등분 해
작은 소시지 사이마다 끼워서
소시지를 하나로 연결한다.

조립

3
1김과 ¼김을 연결한 다음
양 끝을 3cm씩 띄우고
흰밥 80g을 고르게 편다.
＊김 연결하는 방법은 p.16 참조.

4
2에서 연결한
소시지 4개를
중앙에 올린다.

5
흰밥 30g을 소시지 위에
고르게 편다.

6
큰 소시지를
중앙에 올린다.

7
흰밥 30g으로 큰 소시지
주변을 둥글게 감싼다.

8
한 손으로 김발을
올려 쥐고 다른 한 손으로
밥을 살짝 눌러 모양을 잡은 뒤
김발을 이용해 김을 닫는다.

9
김밥의 양 끝을 손으로 눌러
모양을 다듬고 4개로 썬다.

15 강아지 김밥

까만 코와 처진 귀가 특징인 순박한 강아지 얼굴이에요.
후랑크 소시지를 잘라서 활용하면
강아지의 처진 귀를 자연스럽게 연출할 수 있어요.

준비

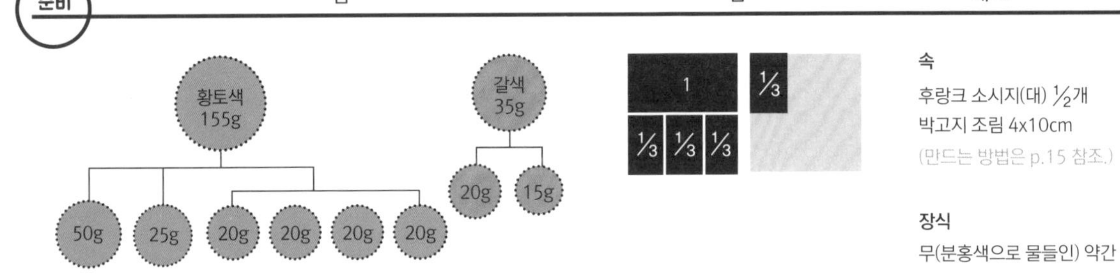

재료

속

후랑크 소시지(대) ½개
박고지 조림 4x10cm
(만드는 방법은 p.15 참조.)

장식

무(분홍색으로 물들인) 약간

부분

1 귀

후랑크 소시지를 반으로 가른 뒤 다시 세로로 이등분해 각각 ⅓**김**으로 감싼다.

2 코

⅓**김**으로 박고지를 돌돌 만 뒤 김발을 이용해 삼각형 모양으로 매만진다.

3 입

황토색 밥 20g을 ⅓**김**으로 둥글게 만 뒤 세로로 반을 가른다.

조립

4 얼굴

황토색 밥 20g과 갈색 밥 15g을 길게 뭉쳐서 **1김** 중앙에 놓고 양옆에 1의 소시지를 사진과 같이배치한다.

5

황토색 밥 25g, 갈색 밥 20g을 각각 같은 색깔 밥 위에 고르게 편다.

6
중앙에 2의 박고지를
올린다.

7
박고지를 중심으로
양옆에 황토색 밥 20g씩
올린다.

8
반으로 갈라 둔 3을
중앙에 올린다.

9
주변을 황토색 밥 50g으로
둥글게 감싼다.

10
한 손으로 김발을 올려 쥐고
다른 한 손으로 밥을 살짝 눌러
모양을 잡은 뒤 김발을 이용해
김을 닫는다.

11
김밥의 양 끝을 손으로 눌러
모양을 다듬고 4개로 썬다.

장식

12 눈·볼터치 붙이기
눈 김펀치나 가위를 이용해 김을 적당한 크기로 모양 낸다.
볼 터치 분홍색으로 물들인 무를 적당한 크기로 동그랗게 자른다.

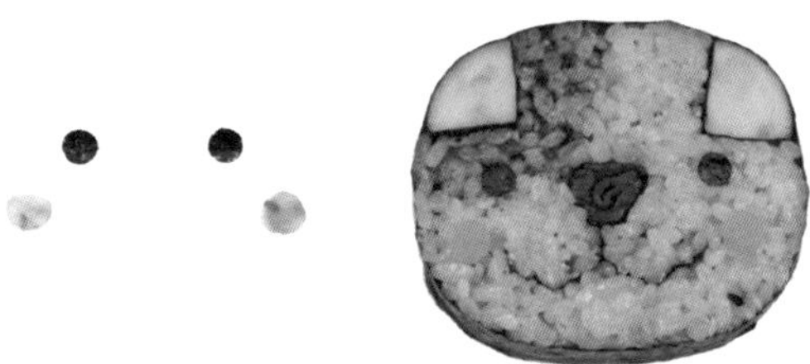

토끼 김밥

얼굴은 두부봉, 귀는 흰밥으로 만들어
달에 사는 토끼를 연출해 보세요.

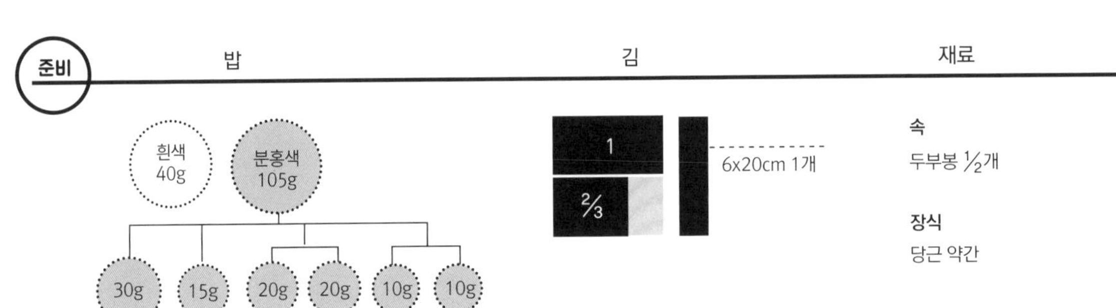

부분

1 얼굴
두부봉을 반으로 가르고
2/3**김**으로 감싼다.

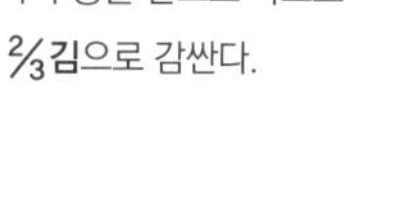

2 귀
흰밥 40g을 토끼 귀 모양으로 뭉치고 **6x20cm 김**으로 감싼다.
＊김 끝을 정리할 때 밥이 살짝 보이게 약간의 틈을 주고 붙인다.

3
2를 2등분한다.

조립

4
1김 중앙에 1의 두부봉을 놓고 분홍색 밥 15g을 길게 뭉쳐 올린다.

5
분홍색 밥을 중심으로 좌우에 3을 올린다.

6
귀와 두부봉 사이 양쪽의 빈 공간을 분홍색 밥 10g씩 메꾼다.

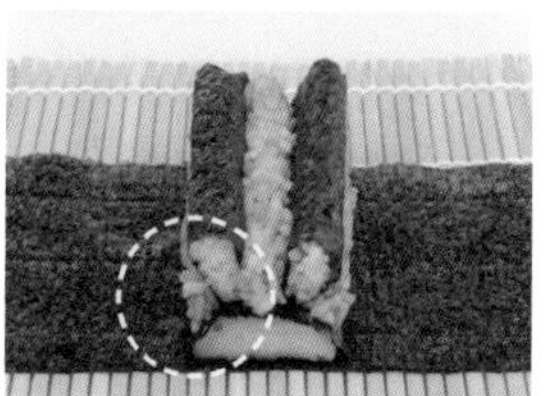

7
김의 양쪽 끝을
3cm씩 띄우고 좌우 각각
분홍색 밥 20g씩
고르게 편다.

8
분홍색 밥 30g을
귀 위로
고르게 덮는다.

9
한 손으로 김발을 올려 쥐고
다른 한 손으로 밥을
살짝 눌러 모양을 잡은 뒤
김발을 이용해 김을 닫는다.

10
김밥의 양 끝을
손으로 눌러 모양을 다듬고
4개로 썬다.

11 눈·코·입 붙이기

눈·코·입 김펀치나 가위를 이용해 김을 적당한 크기로 모양 낸다.
볼터치 당근을 슬라이스한 뒤 깍지 등을 이용해 동그랗게 오린다.

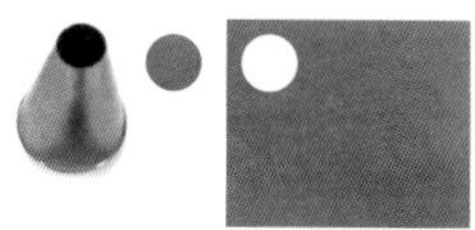

나비 김밥

나비의 몸통은 달걀말이로
날개는 크기가 다른 2가지 소시지로 표현해요.

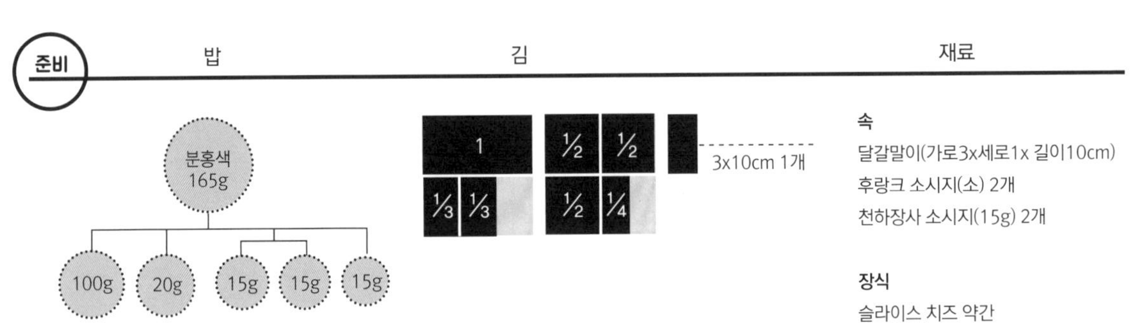

재료

속

달걀말이(가로3x세로1x 길이10cm)
후랑크 소시지(소) 2개
천하장사 소시지(15g) 2개

장식

슬라이스 치즈 약간

부분

1 큰 날개
후랑크 소시지 2개를 각각 **½김**으로 돌돌 만다.

2 작은 날개
천하장사 소시지 2개를 각각 **⅓김**으로 돌돌 만다.

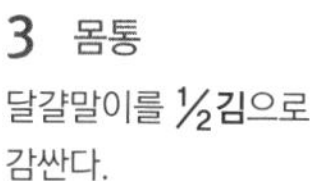

3 몸통
달걀말이를 **½김**으로 감싼다.

4
분홍색 밥 15g을 10cm 길이의 삼각형 모양으로 뭉치고 **3x10cm 김**으로 덮는다.

조립

5
1김과 ¼김을 연결하고 김의 한쪽 끝을 5cm 띄우고 분홍색 밥 100g을 고르게 편다.
＊ 김 연결하는 방법은 p.16 참조.

6
밥 중앙에 3의 달걀말이를 세로로 놓고 양옆에 작은 소시지와 큰 소시지를 아래위로 올린다.

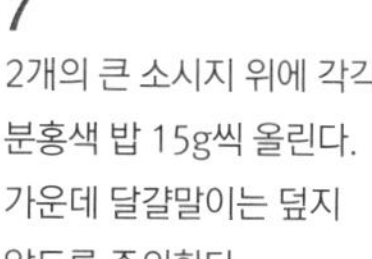

7
2개의 큰 소시지 위에 각각 분홍색 밥 15g씩 올린다. 가운데 달걀말이는 덮지 않도록 주의한다.

8
삼각형으로 만든 4를 가운데 홈에 끼워 넣는다.

9
분홍색 밥 20g으로 가운데를 살짝 볼록하게 덮는다.

10
한 손으로 김발을 올려 쥐고 다른 한 손으로 밥을 살짝 눌러 모양을 잡은 뒤 김발을 이용해 김을 닫는다.

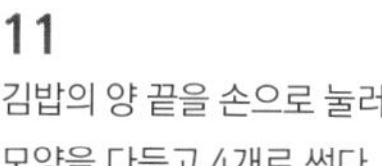

11
김밥의 양 끝을 손으로 눌러 모양을 다듬고 4개로 썬다.

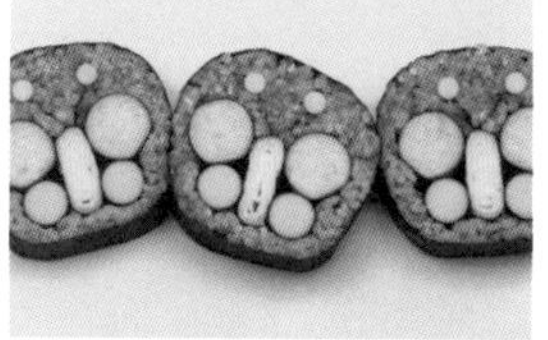

12
취향에 따라 달걀지단이나 슬라이스 치즈를 이용해 더듬이를 장식한다.

18 젖소 김밥

흰밥과 검은색 밥을 이용해 얼룩무늬 소를 표현해요.
눈동자의 위치와 속눈썹을 다양하게 꾸며 보세요.

준비

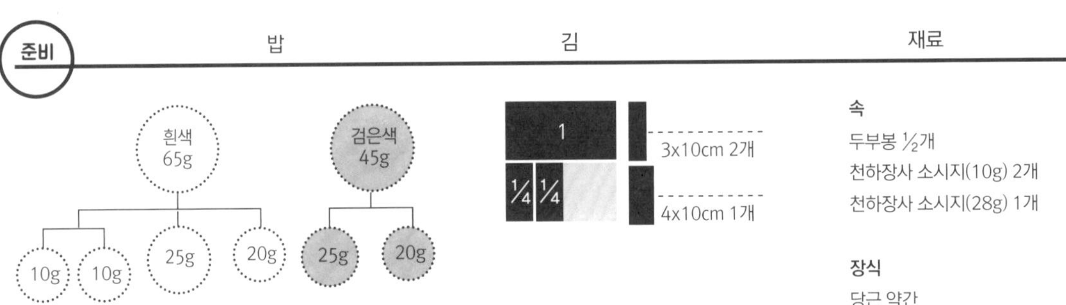

재료

속
두부봉 ½개
천하장사 소시지(10g) 2개
천하장사 소시지(28g) 1개

장식
당근 약간

부분

1 입
두부봉을
반으로 가른다.

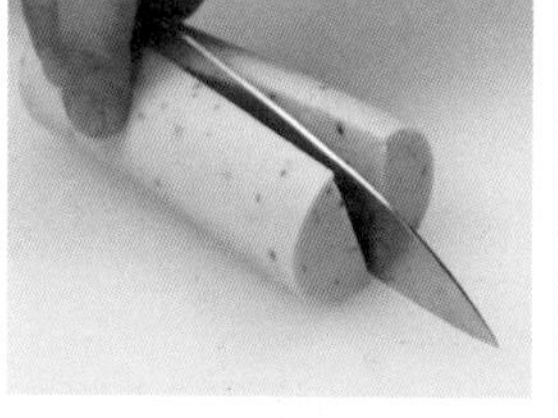

2 눈
소시지(10g) 2개를
각각 **¼김**으로 돌돌 만다.

3 귀
흰밥 10g 2개를
3x10cm 김에 각각 올리고
물방울 모양이
되도록 반으로 접는다.

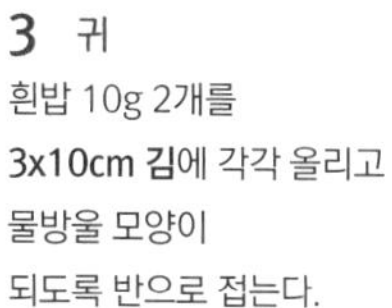

조립

4
4x10cm 김에
2의 소시지 2개를
나란히 올린다.

5 얼굴
흰밥 20g과
검은색 밥 20g으로
소시지 주변을 감싼다.

6
흰밥 위에 검은색 밥 25g,
검은색 밥 위에 흰밥 25g을
둥글게 올린다.

7
1김 중앙에
1의 두부봉을
평평한 면이
위로 오게 놓고
6을 올린다.

조립

8
한 손으로 김발을 올려 쥔 채
김발을 이용해 김을 닫는다.

9
김밥의 양 끝을 손으로 눌러
모양을 다듬고 4개로 썬다.

10
3을 각각 4등분 해
8개를 만든다.

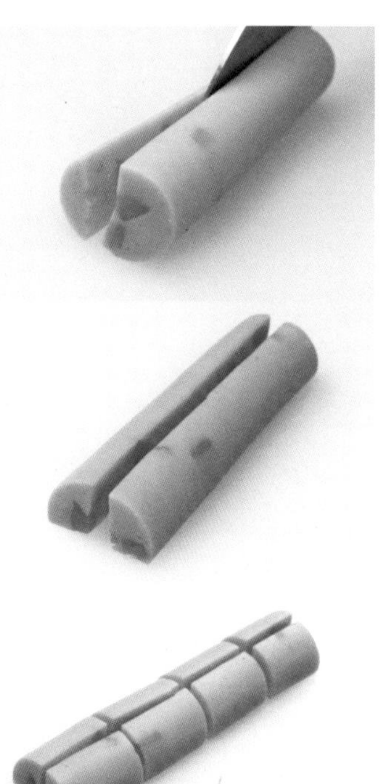

11 뿔

소시지(28g)를 세로로 ⅓ 잘라내고 나머지를 반으로 가른 뒤 4등분 한다.

장식

12 눈·눈썹·속눈썹·볼터치 붙이기

눈·눈썹·속눈썹 김펀치나 가위를 이용해 김을 적당한 크기로 모양 낸다.

볼터치 당근을 슬라이스한 뒤 깍지 등을 이용해 동그랗게 오린다.

13 귀·뿔 붙이기

11의 소시지를 머리 중앙에 마주 보게 붙이고 양옆에 10의 귀를 붙인다.

*잘 붙지 않을 경우 스파게티 면을 심지로 활용해 고정한다.

호랑이 김밥

호랑이 얼굴은 황갈색 밥으로 얼룩 무늬는 김을 오려 붙여요.
눈동자의 위치와 입 모양을 바꿔서 호랑이 표정을 다양하게 연출해 보세요.

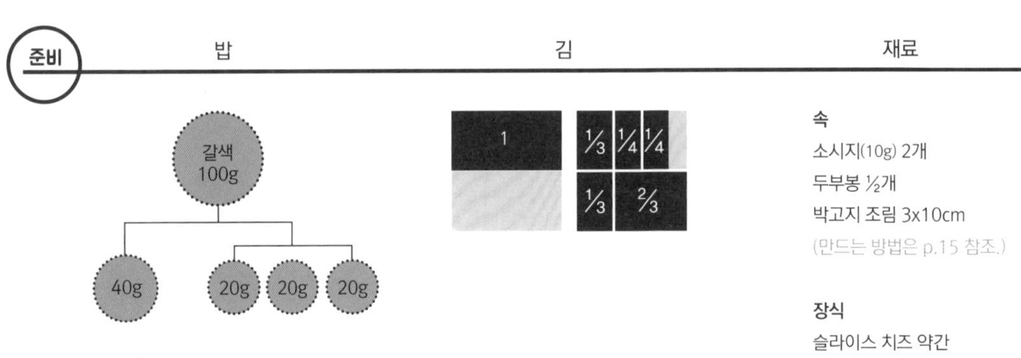

속

소시지(10g) 2개
두부봉 ½개
박고지 조림 3x10cm
(만드는 방법은 p.15 참조.)

장식

슬라이스 치즈 약간

부분

1 눈

소시지 2개를 각각
$\frac{1}{4}$**김**으로 돌돌 만다.

2 코

박고지를 $\frac{1}{3}$**김**으로 돌돌 만다.

3 입

두부봉을 반으로 가른 뒤 한쪽
끝을 비스듬히 잘라내 부채꼴
모양으로 만들어 $\frac{2}{3}$**김**으로 감싼다.

4 귀

갈색 밥 20g을
$\frac{1}{3}$**김**으로 둥글게 만다.

조립

5

1**김** 중앙에 3의
두부봉을 올린다.

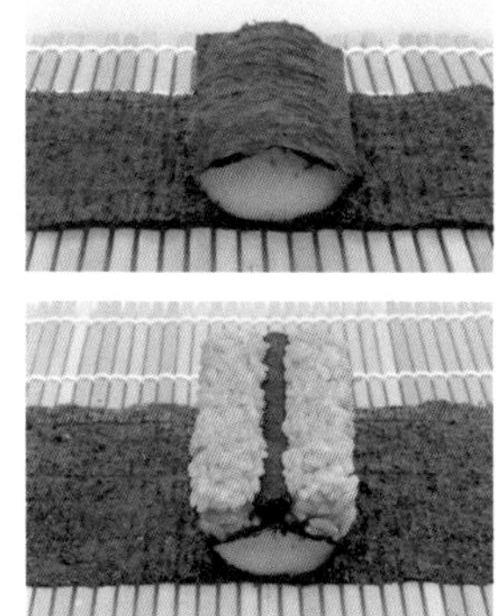

6

두부봉 중심에 2의 박고지를 올리고
양옆에 갈색 밥 20g씩
박고지와 같은 높이로 올린다.

조립

7 얼굴

1의 소시지 2개를 중앙에 올리고 갈색 밥 40g으로 주변을 둥글게 감싼다.

8

한 손으로 김발을 올려 쥐고 다른 한 손으로 김발을 이용해 좌우 김을 덮는다.

9
김밥의 양 끝을 손으로 눌러
모양을 다듬고 4개로 썬다.

10
4를 반으로 가른 뒤
4등분 해 8개를 만든다.

장식

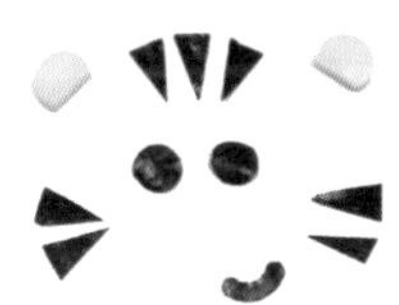

11 눈·입·얼룩 무늬 붙이기

눈·입 김펀치나 가위를 이용해 김을 적당한 크기로 모양 낸다.
얼룩 무늬 김을 삼각형으로 몇 개 오려 머리와 얼굴에 붙인다.

12 귀 붙이기

10의 귀를 머리 위에 붙이고 슬라이스 치즈를
반원 모양으로 잘라 귀를 장식한다.

20 꽃게 김밥

몸통은 두부봉으로, 집게발은 소시지로 만들어요.
눈과 입 모양을 바꾸면서 재밌게 표현해보세요.

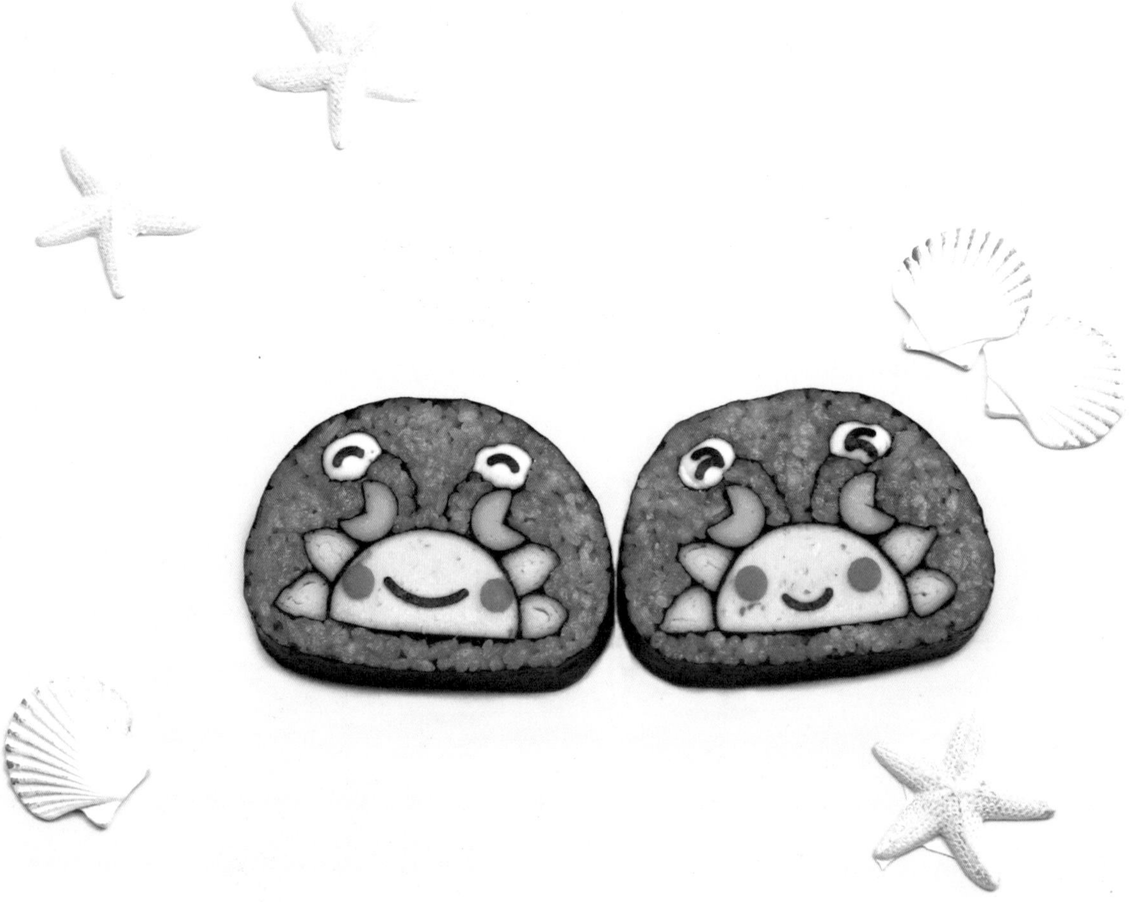

준비

밥

김

재료

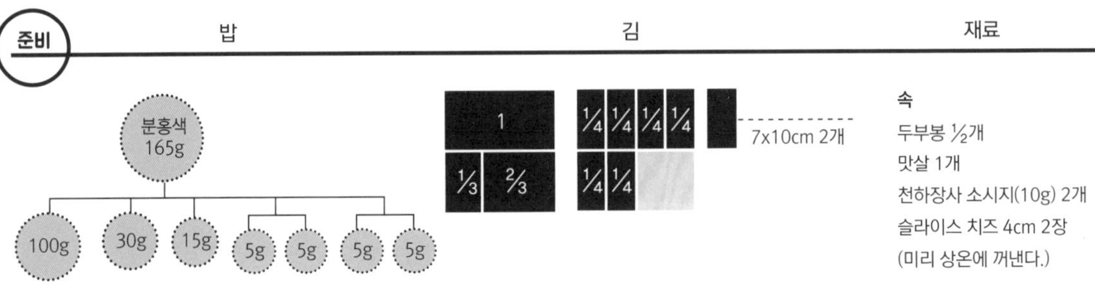

속

두부봉 ½개
맛살 1개
천하장사 소시지(10g) 2개
슬라이스 치즈 4cm 2장
(미리 상온에 꺼낸다.)

장식

당근 약간

1 몸통
두부봉을 반으로 가른 뒤
$\frac{2}{3}$**김**으로 감싼다.

2 발
맛살을 이등분한 뒤
반으로 갈라 4개를 만들고
각각 $\frac{1}{4}$**김**으로 만다.

3 집게발
소시지 2개를 각각 $\frac{1}{4}$을
잘라내 집게 모양을 만든 뒤
$\frac{1}{4}$**김**으로 만다.

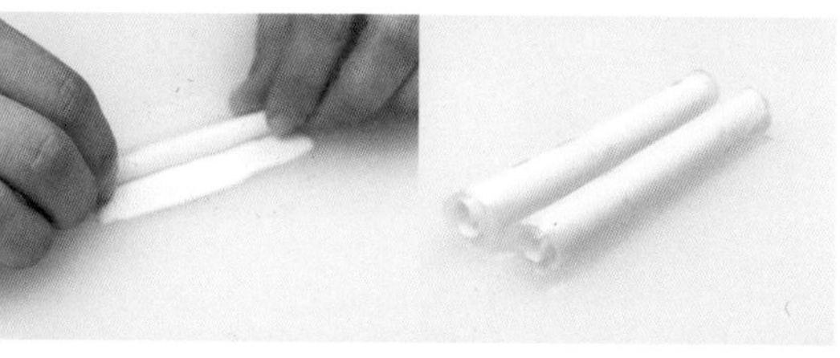

4 눈
슬라이스 치즈 2장을 각각
소시지 모양으로 돌돌 만다.
치즈 비닐의 한쪽 면만
벗겨서 비닐을 김발처럼 사용
하면 잘 말린다.

5
돌돌 만 치즈 2개를
각각 **7x10cm 김** 중앙에 놓고
김을 반으로 접는다.

조립

6

1김과 **⅓김**을 연결하고
한쪽 끝을 5cm 띄우고
분홍색 밥 100g을 고르게 편다.

* 김 연결하는 방법은 p.16 참조.

7

밥 중앙에
1의 두부봉을 올린다.

8

두부봉을 중심으로
양쪽에 2의 맛살을 2개씩 올리고
맛살과 맛살의 틈을
분홍색 밥 5g씩 메꾼다.

9

맛살 위에 3의
집게발 소시지를 올리고
소시지의 파인 부분을 각각
분홍색 밥 5g씩 메꾼다.

10

분홍색 밥 15g을 둘로 나누어
5의 접힌 부분에 고르게 편다.

11
밥이 있는 부분을 아래로
9 위에 마주 보게 올린다.

12
분홍색 밥 30g으로
가운데 홈을 메꾼다.

13
한 손으로 김발을 올려 쥐고
다른 한 손으로 밥을 살짝 눌러
모양을 잡은 뒤 김발을 이용해
김을 닫는다.

14
김밥의 양 끝을 손으로 눌러
모양을 다듬고 4개로 썬다.

장식

15 눈·입·볼터치 붙이기
눈·입 김펀치나 가위를 이용해 김을 적당한 크기로 모양 낸다.
볼터치 당근을 슬라이스한 뒤 깍지 등을 이용해 동그랗게 오린다.

코알라 김밥

둥글고 큰 코알라의 귀는 후랑크 소시지로 만들어요.
당근을 동그랗게 잘라 볼에 붙이면
까만 얼굴에 포인트가 되면서 귀엽게 연출할 수 있어요.

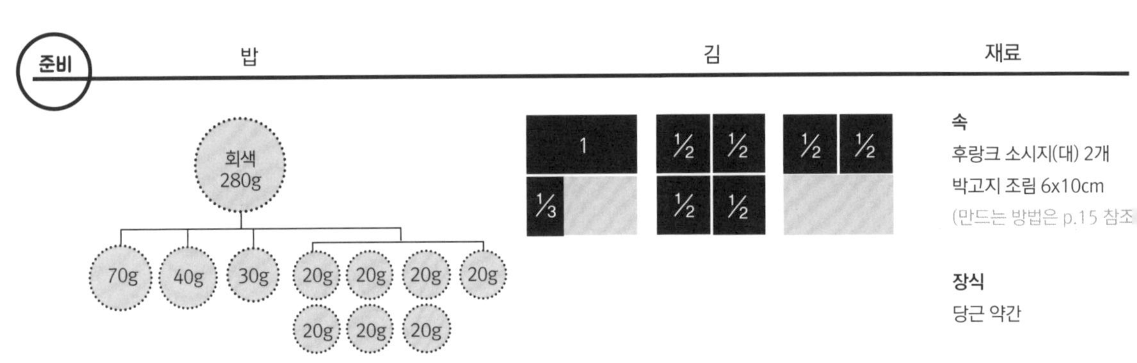

속
후랑크 소시지(대) 2개
박고지 조림 6x10cm
(만드는 방법은 p.15 참조

장식
당근 약간

부분

1 코

½**김**에 박고지를 올리고
삼각형 모양으로 만다.

2 이마

½**김**에 회색 밥 30g을
고르게 편 뒤 돌돌 만다.

3 입

회색 밥 20g을 ⅓**김**으로
둥글게 말고 반으로 가른다.

4 귀

후랑크 소시지 2개를 각각
세로로 ⅓ 잘라낸 뒤
사진처럼 한쪽에
칼집을 낸다.

5

4를 각각 ½**김**으로 만다.

＊후랑크 소시지의 칼집 부위에
젓가락을 끼워두면 김이 들뜨는
것을 막을 수 있다.

6

½**김** 중앙에 회색 밥 20g을
고르게 펴고 5의 소시지 1개를
평평한 면이 위에 오게 올리고
김발로 만다. 나머지 소시지도
반복한다.

조립

7
1김의 양쪽 끝을 2cm 띄우고 회색 밥 70g을 고르게 편다.

8
2를 중앙에 올린다.

9
양옆을 각각 회색 밥 20g씩 감싼다.

10
1의 박고지를 역삼각형으로 중앙에 올리고 양옆을 각각 회색 밥 20g씩 메꾼다.

11
3을 중앙에 나란히 올린다.

12
회색 밥 40g으로
둘레를 감싼다.

13
한 손으로 김발을 올려 쥐고
다른 한 손으로 밥을 살짝 눌러
모양을 잡은 뒤 김발을 이용해
김을 닫는다.

14
김밥의 양 끝을 손으로 눌러
모양을 다듬고 4개로 썬다.

15
6을 각각 4등분 해
8개를 만든다.

장식

16 눈·볼터치 붙이기
눈 김펀치나 가위를 이용해 김을 적당한 크기로 모양 낸다.
볼터치 당근을 슬라이스한 뒤 깍지 등을 이용해 동그랗게 오린다.

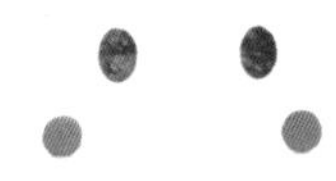

17 귀 붙이기
얼굴 양쪽에 이쑤시개로 구멍을 뚫어
스파게티로 15의 귀를 고정한다.

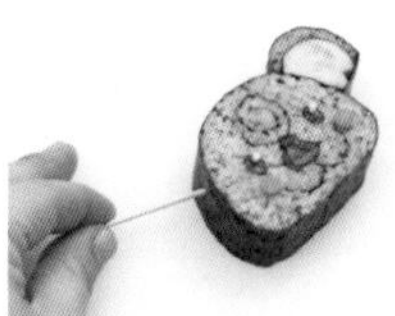

22 꿀벌 김밥

노란색 밥으로 꿀벌의 몸과 머리를 만들고
김을 잘라 줄무늬를 장식해요.

준비

밥

김

재료

속
천하장사 소시지(10g) 2개
슬라이스 치즈 2장

장식
당근 약간

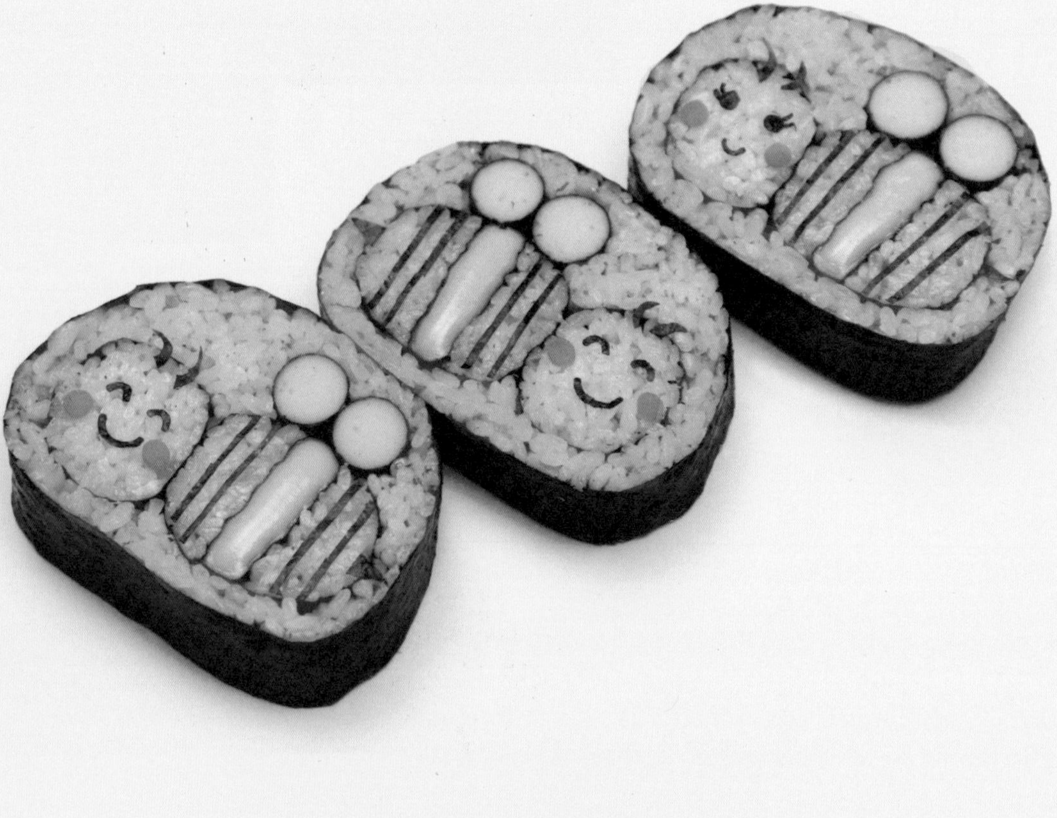

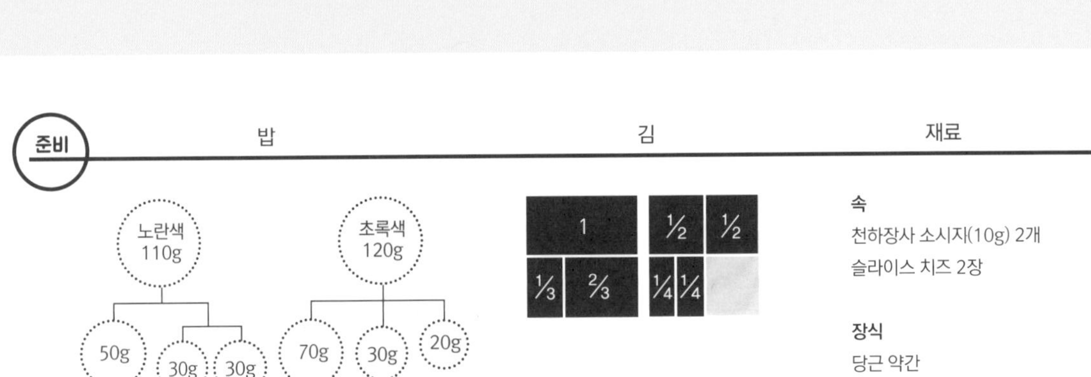

부분

1
노란색 밥 50g을 둥글게 뭉쳐 ½김으로 만다.

2
슬라이스 치즈를 3cm 너비로 자른 뒤 3장을 겹쳐 올리고 ½김으로 감싼다.

3
노란색 밥 30g 2개를 각각 길이 10cm, 지름 3cm의 반원 모양으로 뭉친다.

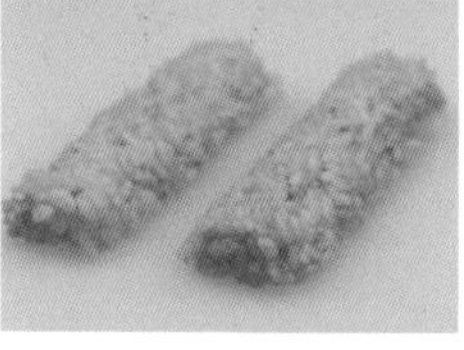

4
2의 슬라이스 치즈를 중심으로 양쪽에 3의 노란색 밥을 햄버거 모양으로 붙인다.

5
⅔김으로 만다.

6
소시지 2개를 각각 ¼김으로 돌돌 만다.

조립

7
1김과 ⅓김을 연결한 뒤 양쪽 끝을 4cm 띄우고 초록색 밥 70g을 고르게 편다.
* 김 연결하는 방법은 p.16 참조.

8
중앙에 1과 5를 나란히 올린다.

9
김으로 말아둔 6의 소시지 2개를 5 위에 나란히 올린다.

10
초록색 밥 20g으로
소시지를 감싼다.

11
초록색 밥 30g으로
상단의 빈 공간을 채운다.

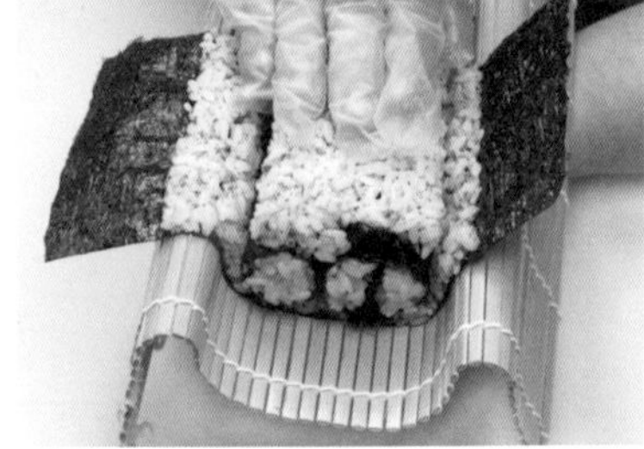

12
한 손으로 김발을 올려 쥐고
다른 한 손으로 밥을 살짝
눌러 모양을 잡은 뒤
김발을 이용해 김을 닫는다.

13
김밥의 양 끝을 손으로
눌러 모양을 다듬고
4개로 썬다.

14 눈·입·줄무늬·벌침·볼터치 붙이기

눈·입·줄무늬·벌침 김펀치나 가위를 이용해 김을 적당한 크기로 모양 낸다.

볼터치 당근을 슬라이스한 뒤 깍지 등을 이용해 동그랗게 오린다.

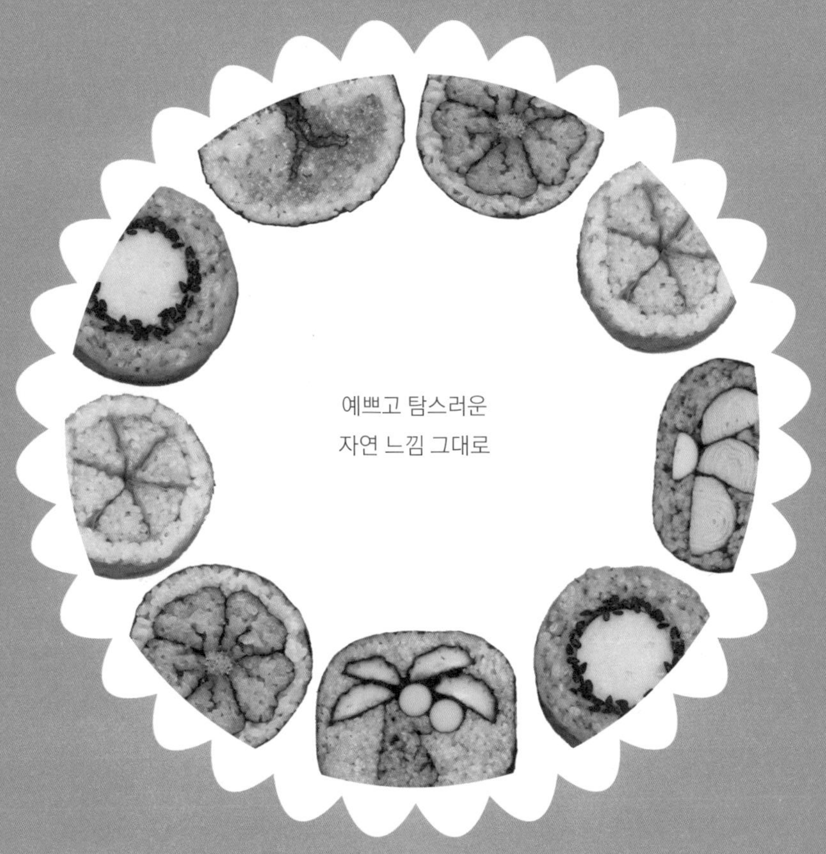

예쁘고 탐스러운
자연 느낌 그대로

PART 3

꽃&과일 김밥

벚꽃나무 김밥

분홍색 밥과 파슬리가루로
화사한 벚꽃나무를 만들어 보세요.

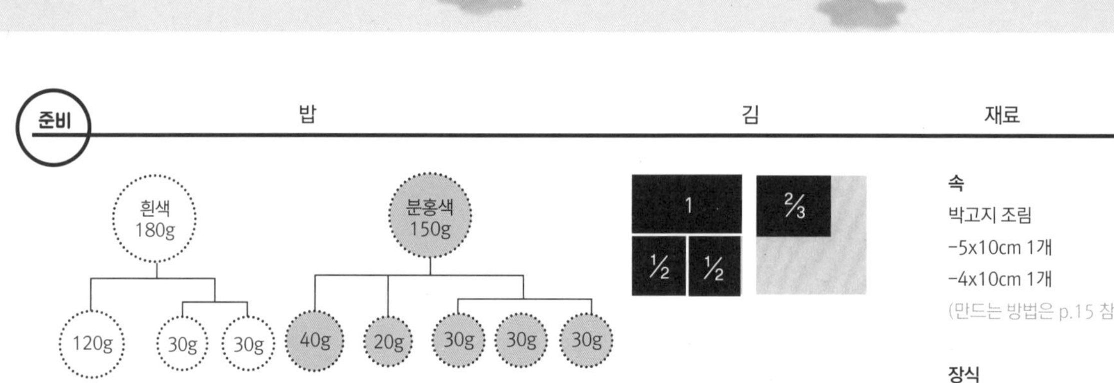

속
박고지 조림
-5x10cm 1개
-4x10cm 1개
(만드는 방법은 p.15 참조

장식
파슬리가루

부분

1 나무
5x10cm 박고지는 $\frac{2}{3}$**김**,
4x10cm 박고지는 $\frac{1}{2}$**김**으로
각각 감싼다.

조립

2
1김과 $\frac{1}{2}$**김**을 연결하고
김 한쪽 끝을 5cm 띄우고
흰밥 120g을 고르게 편다.

3
흰밥 30g 2개를 각각
3cm 너비로 뭉친 뒤
1cm 간격을 띄우고
흰밥 중앙에 올린다.

4 벚꽃
분홍색 밥 30g 2개를
같은 너비로 올린다.

5
밥과 밥 사이에
1의 5cm 박고지를
끼워서 ㄱ자 모양으로 꺾고,
바로 옆에 4cm 박고지를
일자로 끼운다.

6
5cm 박고지 위에 분홍색 밥
40g, 4cm 박고지 옆에
분홍색 밥 20g을
평평하게 편다.

7
분홍색 밥 30g을
반원 모양으로 올린다.

8
한 손으로 김발을 올려 쥐고
다른 한 손으로 밥을 살짝
눌러 모양을 잡은 뒤
김발을 이용해 김을 닫는다.

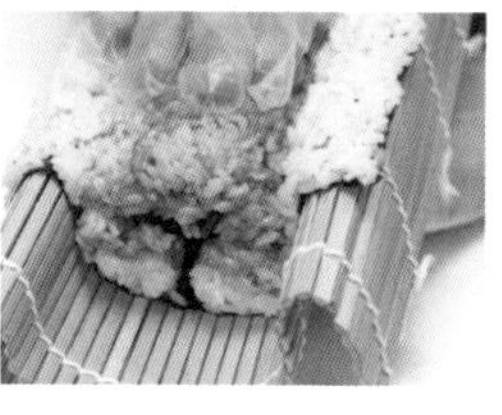

9
김밥의 양 끝을
손으로 눌러 모양을 다듬고
4개로 썬다.

장식

10
파슬리가루로
잔디를 표현한다.

24

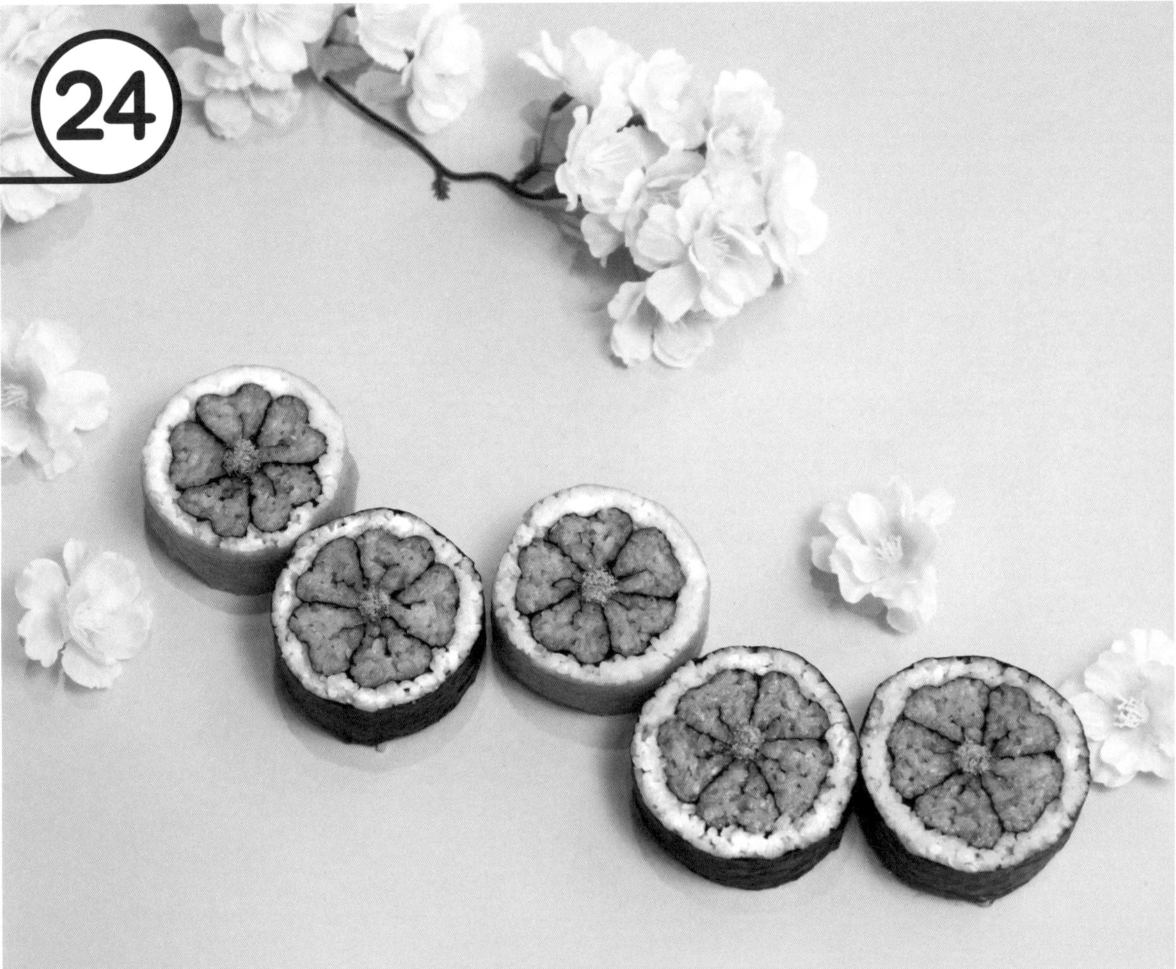

벚꽃 김밥

한잎 한잎 연결하며
한 송이 벚꽃을 완성하는 재미가 있어요.

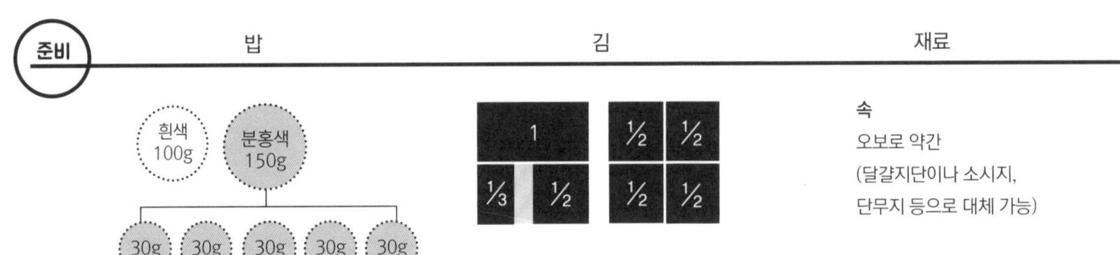

부분

1
½김 5개 모두 한쪽 끝을
1cm 자른다.

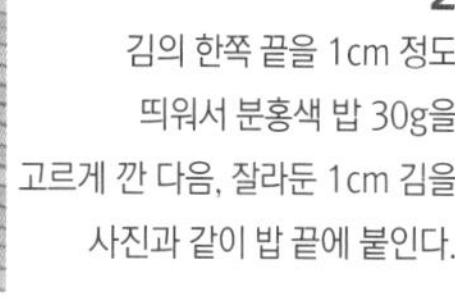

2
김의 한쪽 끝을 1cm 정도
띄워서 분홍색 밥 30g을
고르게 깐 다음, 잘라둔 1cm 김을
사진과 같이 밥 끝에 붙인다.

3 꽃잎
1cm 띄운 김 영역을 제외한
밥 영역을 반으로 접은 다음
중간에 나무젓가락을 끼워
꽃잎 모양을 만든다.

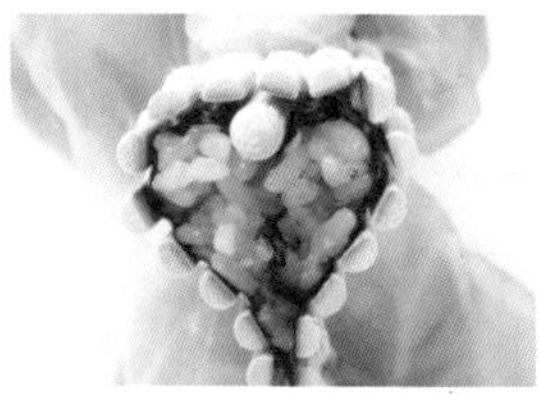

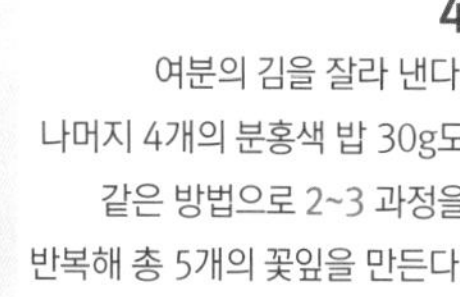

4
여분의 김을 잘라 낸다.
나머지 4개의 분홍색 밥 30g도
같은 방법으로 2~3 과정을
반복해 총 5개의 꽃잎을 만든다.

5
한 손으로 김발을 들고
균형을 맞춰가며 꽃잎 4개를
조합한다.

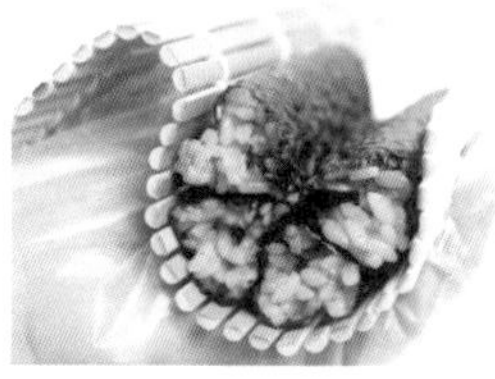

6
중앙에 오보로를
채워 넣는다.

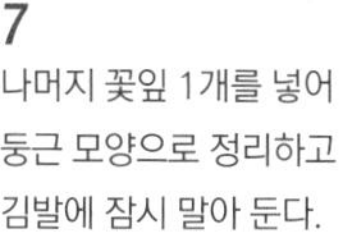

7
나머지 꽃잎 1개를 넣어
둥근 모양으로 정리하고
김발에 잠시 말아 둔다.

조립

8
1김과 **⅓김**을 연결하고
김 한쪽 끝을 5cm 띄우고
흰밥 100g을 고르게 편다.
* 김 연결하는 방법은 p.16 참조.

9
밥 중앙에 7을 올리고,
한 손으로 김발을 올려 쥔 채
김발을 이용해 김을 닫는다.

10
김밥의 양 끝을 손으로 눌러
모양을 다듬고 4개로 썬다.

25

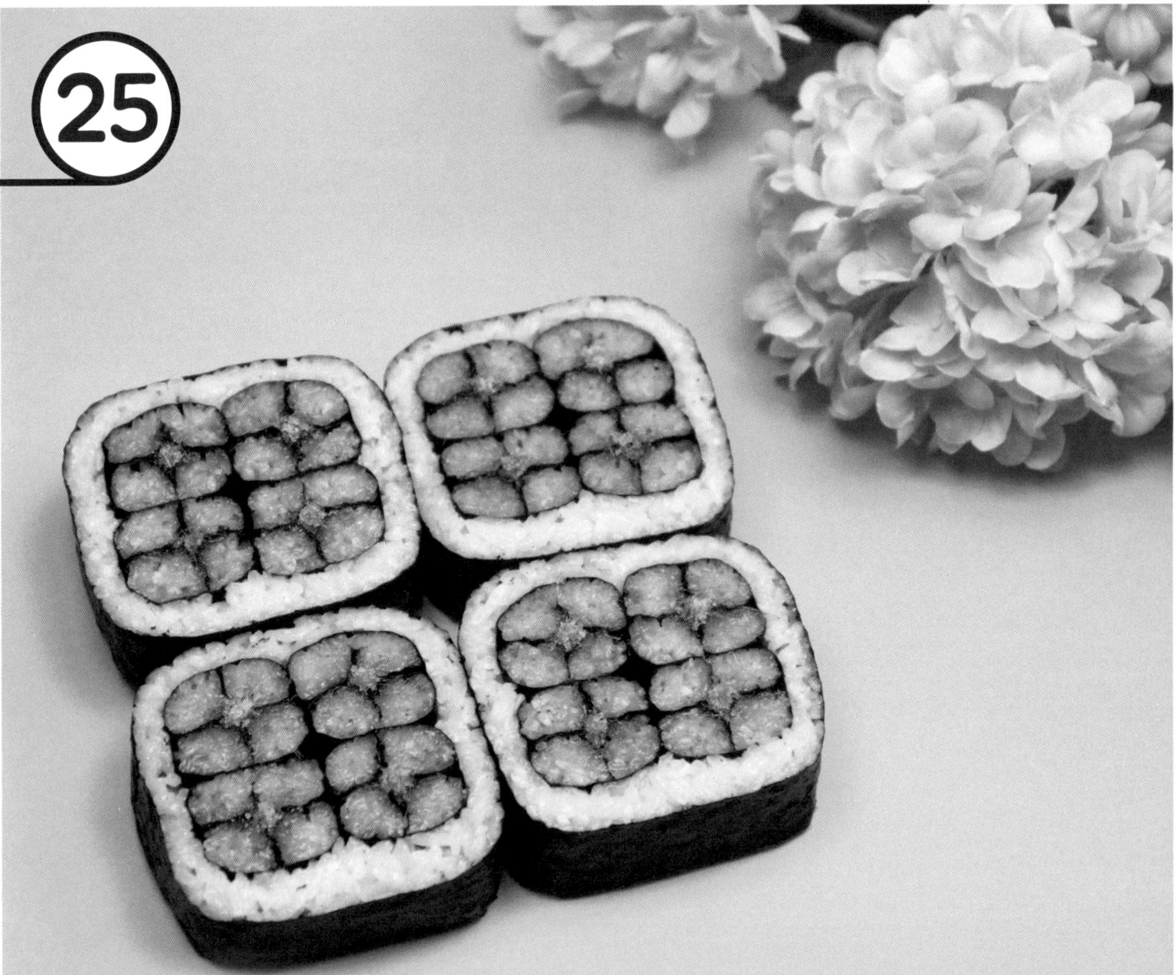

수국 김밥

풍성한 수국을 떠올리며
만들어 보세요.

준비

밥

김

재료

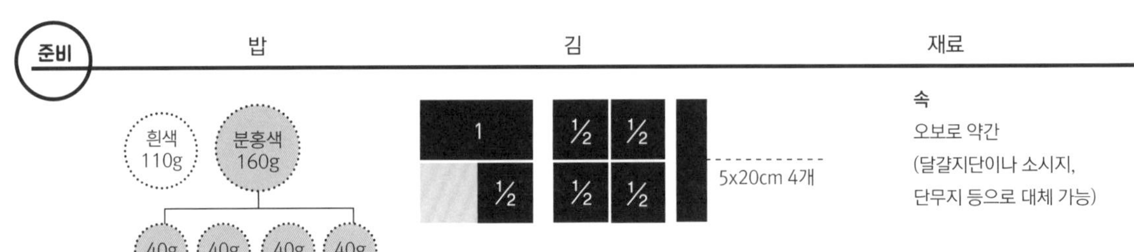

속
오보로 약간
(달걀지단이나 소시지,
단무지 등으로 대체 가능)

부분

1 꽃잎
분홍색 밥 40g 4개를 **5x20cm 김**으로 둥글게 만다.

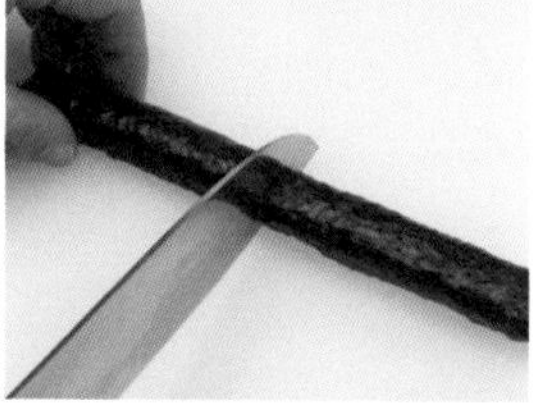

2
1을 각각 반으로 자른다.

3
김 바닥면이 완전히 잘리지 않도록 주의하며 세로로 반을 갈라 8개의 꽃잎을 완성한다.

4 꽃송이
½김 한쪽 끝에 3을 김이 위로 오게 놓고 가운데 홈을 오보로로 메꾼다.

5
또 다른 3을 밥이 위로 오게 올리고 김발로 만다. 나머지 분홍색 밥도 4~5번 과정을 반복해 총 4개의 꽃송이를 만든다.

조립

6
1김과 **½김**을 연결하고 김 양쪽 끝을 5cm 띄우고 흰밥 80g을 고르게 편다.
* 김 연결하는 방법은 p.16 참조.

7
밥 중앙에 5에서 완성한 꽃송이 4개를 두 줄로 쌓는다.

8
흰밥 30g을 평평하게 올린다.

9
한 손으로 김발을 올려 쥔 채 다른 한 손으로 밥을 살짝 눌러 모양을 잡은 뒤 김발을 이용해 김을 닫는다.

10
김밥의 양 끝을 잘라내고 4개로 썬다.

야자수 김밥

오이로 야자수 잎을 표현해요.

준비

밥

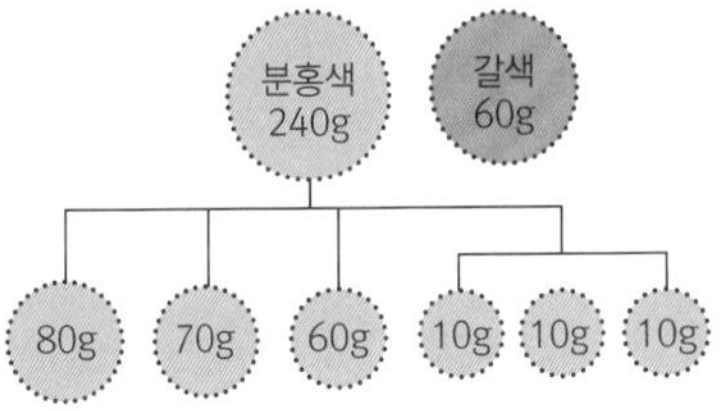

분홍색 240g → 80g, 70g, 60g, 10g, 10g, 10g

갈색 60g

김

1, $\frac{1}{3}$, $\frac{1}{3}$

$\frac{1}{2}$, $\frac{1}{2}$, $\frac{1}{2}$, $\frac{1}{2}$

$\frac{1}{2}$, $\frac{1}{2}$

재료

속

오이 10cm 2개

천하장사 소시지(15g) 2개

부분

1 야자수 잎

오이는 반으로 가른 뒤 가운데 씨 부분을 잘라내고 각각 ½**김**으로 감싼다.
나머지 오이 한 개도 같은 과정을 반복해 총 4개의 야자수 잎을 만든다.

2 열매

소시지 2개를 각각 ⅓**김**으로 돌돌 만다.

조립

3 나무 기둥

갈색 밥 60g을 나무 기둥 모양으로 뭉쳐 ½**김** 끝에 맞춰 올리고 김발을 이용해 김을 닫는다.
단, 나무 기둥의 윗부분은 김이 덮히지 않게 주의한다(그림 참고).

김 닿지 않는 면

조립

4
1김과 **½김**을 연결하고
김 양쪽 끝을 5cm 띄우고
분홍색 밥 80g을 고르게 편다.
* 김 연결하는 방법은 p.16 참조.

5
중앙에 분홍색 밥 10g을
삼각형 모양으로 올리고
1에서 오이로 만든 야자수 잎 2개를
평평한 면이 위로 오게
나란히 올린다.

6
왼쪽 오이 위에 1의 또 다른 오이를
평평한 면이 위로 오게 하여
비스듬히 올리고
오이와 오이 사이를
분홍색 밥 10g으로 메꾼다.

7
중앙에 2의 소시지 하나를 올리고
오른쪽에 나머지 오이를 마저 올린다.
오이와 오이 사이를 분홍색 밥 10g으로
메꾼다.

8
나머지 소시지를 가운데 소시지 오른쪽에 올리고 3의 기둥 모양으로 만들어 둔 갈색 밥을 가운데 소시지 위에 올린다.

9
분홍색 밥 60g은 기둥의 왼쪽, 분홍색 밥 70g은 기둥의 오른쪽 빈 공간을 채워 높이를 맞춘다.

10
한 손으로 김발을 올려 쥐고 다른 한 손으로 밥을 살짝 눌러 모양을 잡은 뒤 김발을 이용해 김을 닫는다.

11
김밥의 양 끝을 손으로 눌러 모양을 다듬고 4개로 썬다.

키위 김밥

키위 껍질은
김 대신 그린색 콩 시트를 사용해요.

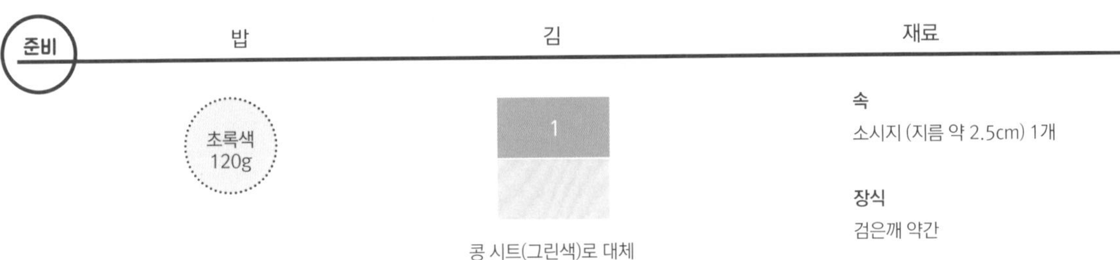

조립

1 과육
콩 시트의 한쪽 끝을 5cm 띄우고
초록색 밥 120g을 고르게 편다.

2 과육
밥 중앙에 소시지를 올린다.

3
한 손으로 김발을 올려 쥔 채
김발을 이용해 콩 시트를 덮는다.

4
양 끝을 정리하고 4개로 썬다.

5 씨
검은깨로 키위의 씨를 장식한다.

28 오렌지 김밥

오렌지 껍질은
김 대신 오렌지색 콩 시트를 사용해요.

준비

밥

김

콩 시트(오렌지색)로 대체

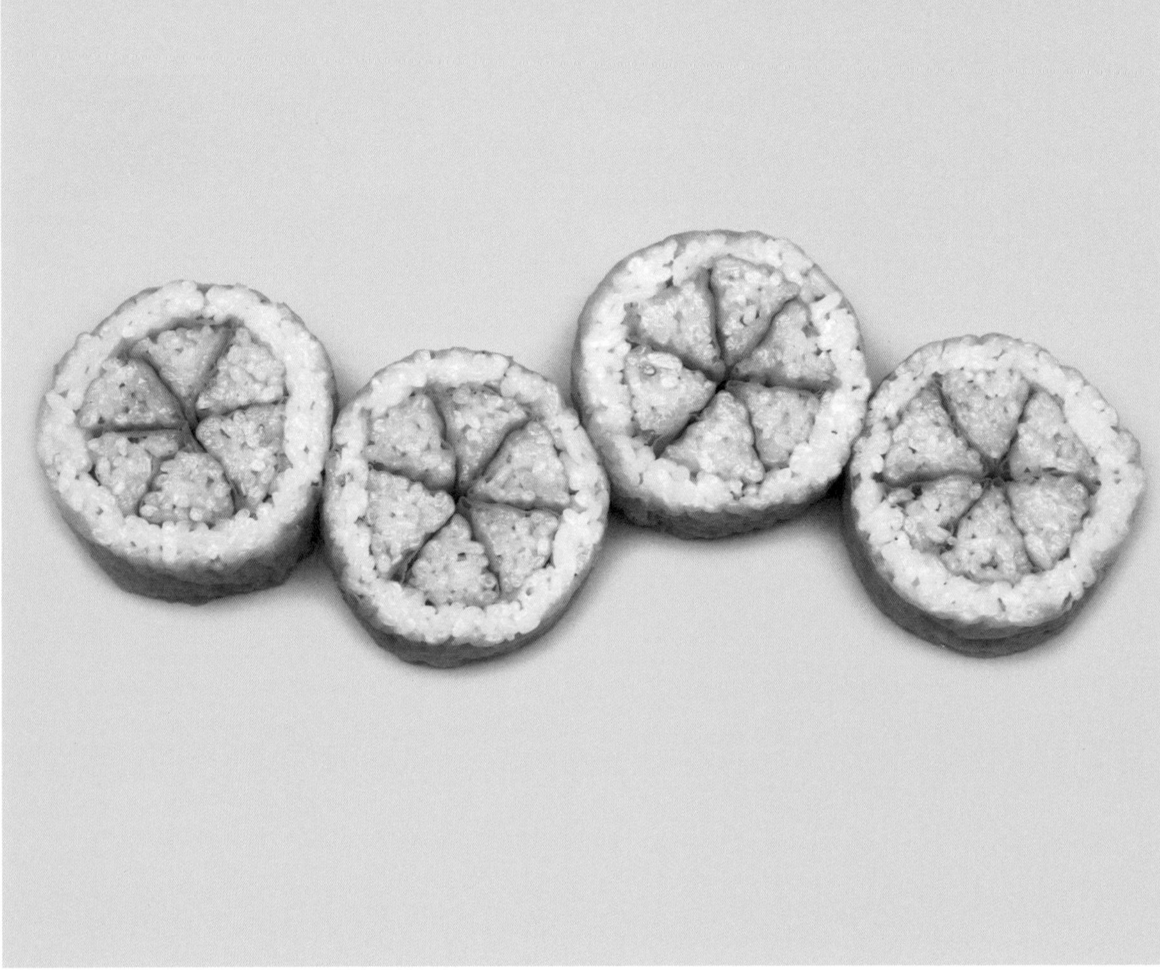

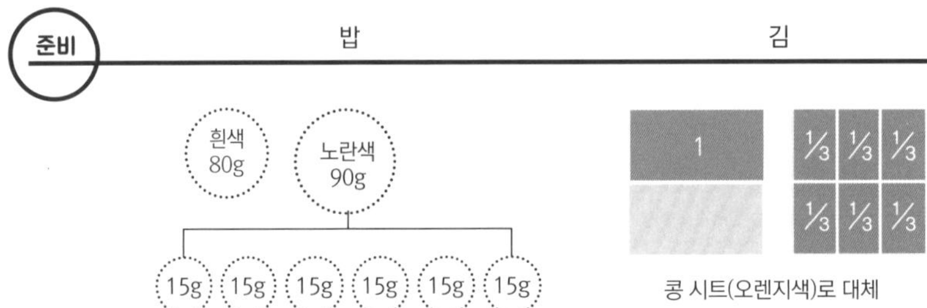

부분

1 과육
노란색 밥 15g 6개를 각각 10cm 길이의 삼각형 모양으로 뭉쳐 ⅓ **콩 시트로** 감싼다.

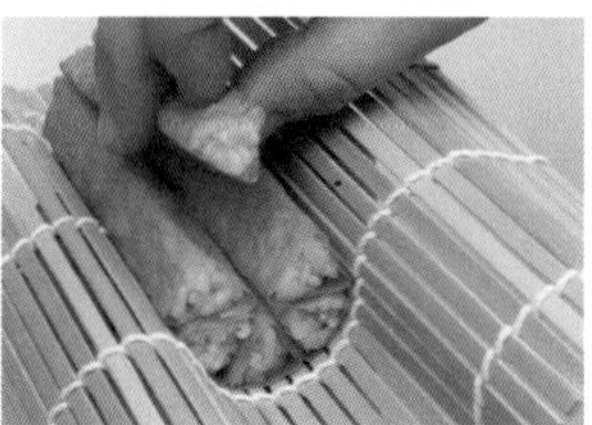

2
한 손으로 김발을 들고 6개의 과육을 둥글게 모은다.

조립

3 오렌지 껍질
1 콩 시트의 한쪽 끝을 3cm 띄우고 흰밥 80g을 고르게 편다.

4
한 손으로 김발을 올려 쥔채 2를 중앙에 놓고 김발을 이용해 콩 시트를 덮는다.

5
양 끝을 정리하고 4개로 썬다.

바나나 김밥

달걀말이의 노란색이 검은색 밥과 대비되면서
바나나 모양이 뚜렷하게 드러나요.

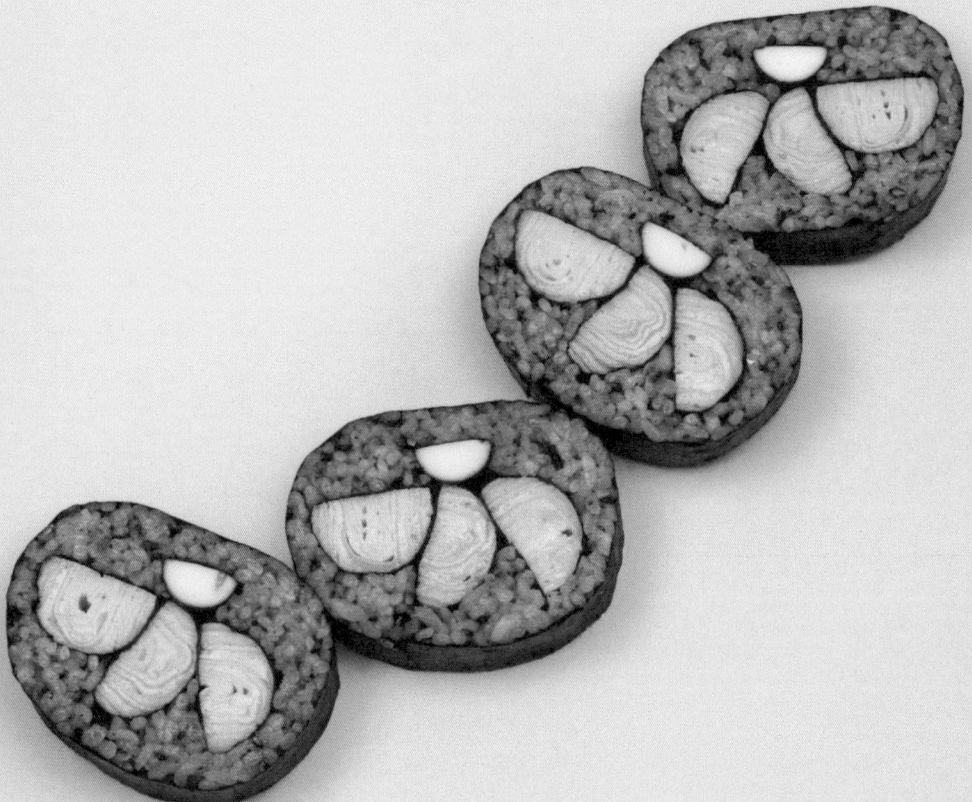

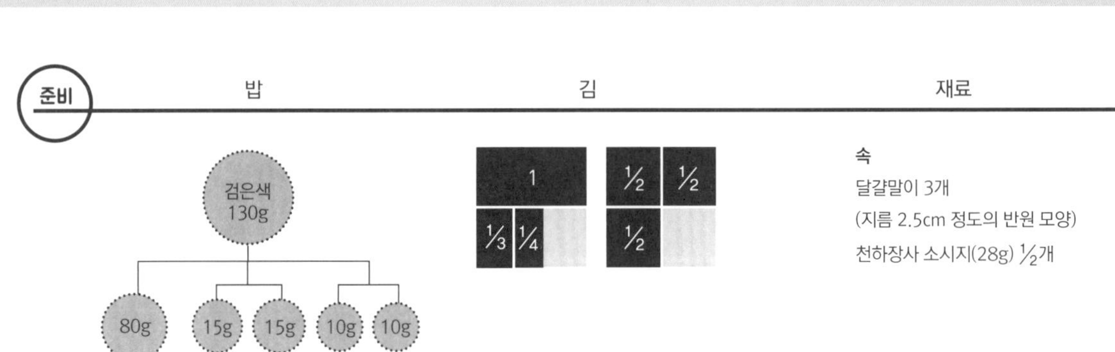

부분

1 바나나
반원 모양으로 만든 달걀말이 3개를 각각 **½김**으로 감싼다.

2
소시지는 반으로 가른 뒤 **⅓김**으로 감싼다.

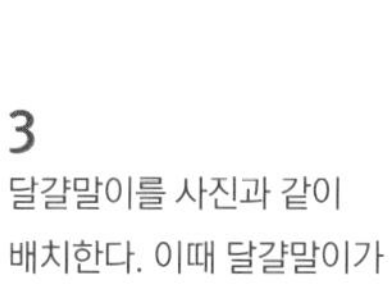

3
달걀말이를 사진과 같이 배치한다. 이때 달걀말이가 쓰러지지 않도록 한쪽에 소시지를 잠시 받쳐둔다.

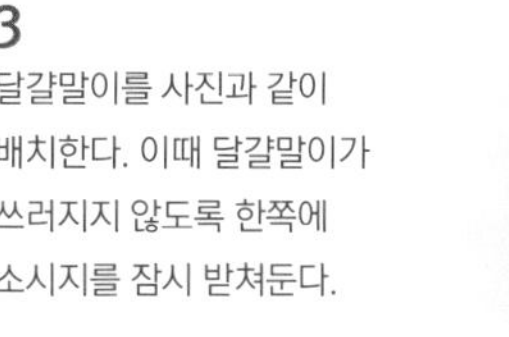

4
달걀말이 사이 뜨는 공간을 검은색 밥 10g씩 메꾼다.

조립

5
1김과 ¼김을 연결하고 김 한쪽을 4cm 띄우고 검은색 밥 80g을 고르게 편다.
* 김 연결하는 방법은 p.16 참조.

6
밥 중앙에 2의 소시지를 놓는다.

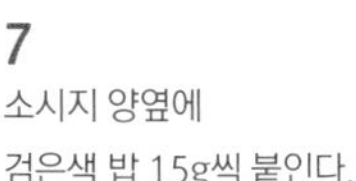

7
소시지 양옆에 검은색 밥 15g씩 붙인다.

8
바나나 모양으로 만들어 둔 4를 소시지 위에 올린다.

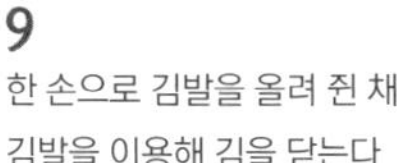

9
한 손으로 김발을 올려 쥔 채 김발을 이용해 김을 닫는다.

10
김밥의 양 끝을 정리하고 4개로 썬다.

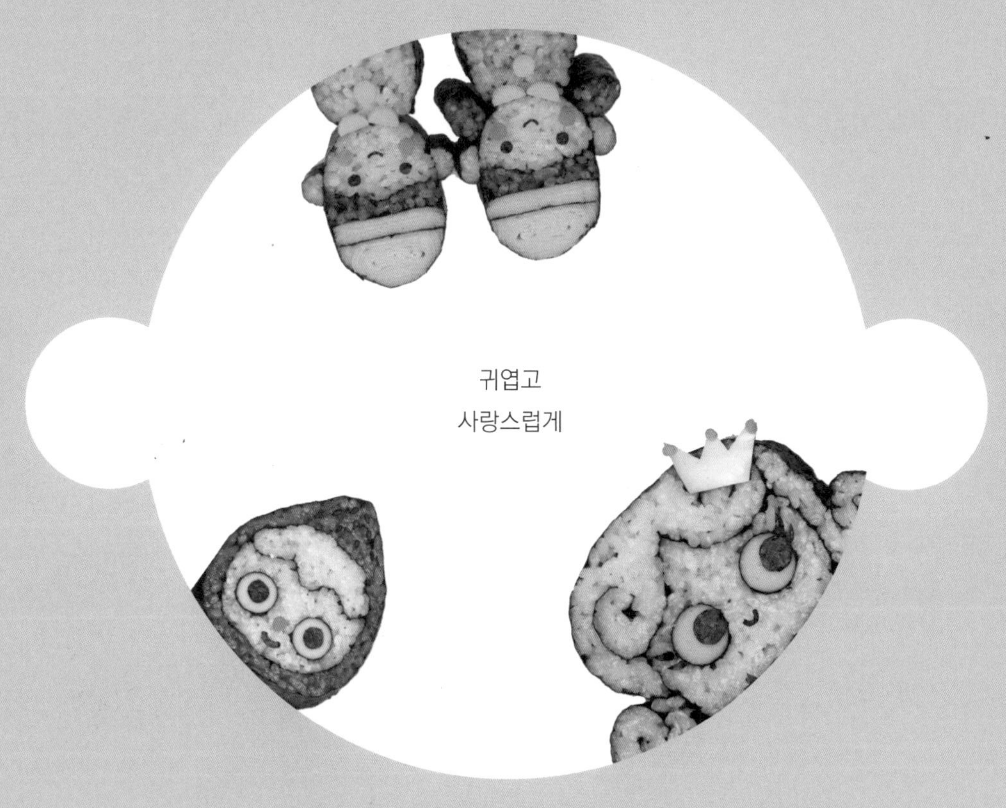

PART 4

사람 얼굴 김밥

유치원 아이들 김밥

보기만 해도 흐뭇해지는 유치원 아이들!
옷 색깔에 변화를 주면서 사랑스럽게 꾸며 보세요.

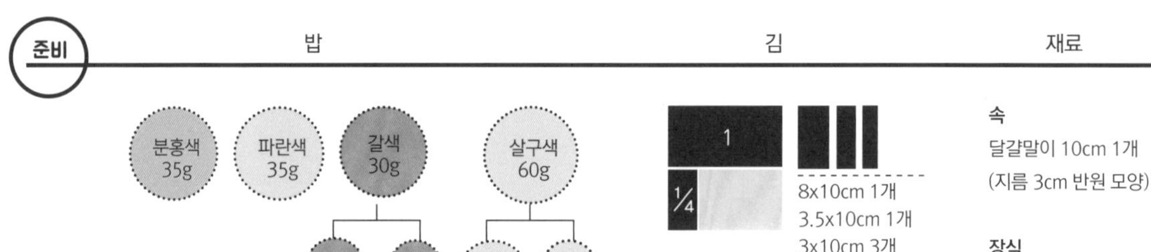

8x10cm 1개
3.5x10cm 1개
3x10cm 3개

재료

속
달걀말이 10cm 1개
(지름 3cm 반원 모양)

장식
달걀지단 약간
당근 약간

부분

1 귀

살구색 밥 10g을 ¼**김**으로 둥글게 만다.

2 여자아이 긴 머리

갈색 밥 10g을 **3x10cm 김** 끝에 맞춰 올리고 밥이 살짝 보이게 김을 닫은 다음 타원형으로 매만진다.

3 몸통

분홍색 밥 35g과 파란색 밥 35g을 반원 모양으로 뭉쳐 **8x10cm 김** 위에 마주 보게 놓고 사진처럼 밥이 살짝 보이게 김을 닫는다.

4 모자

반원 모양으로 만든 달걀말이의 아랫부분을 0.5cm 정도 자르고, **3x10cm 김**을 사이에 끼운다.

5 머리

3x10cm 김 위에 갈색 밥 20g을 고르게 편 뒤 젓가락으로 가운데 부분을 살짝 눌러 준다. **3.5x10cm 김**을 반으로 접어 사진과 같이 올린다.

6

살구색 밥 50g을 둥그스름하게 올린다.

조립

7
1김 중앙에 6을 살구색 밥이 아래로 가도록 뒤집어 올린다.

8
4의 달걀말이를 올리고 김발로 만다.

9
4개로 썬다.

10 귀
1을 반으로 가르고 4등분 해 8개를 만든다.

11 여아 머리 & 몸통
2와 3도 4등분 한다.

12 눈·입·볼 붙이기

눈·입 김펀치나 가위를 이용해 김을 적당한 크기로 모양 낸다.
볼터치 당근을 슬라이스한 뒤 깍지 등을 이용해 동그랗게 오린다.
옷 장식 달걀지단을 적당한 크기와 모양으로 오린다.

13 얼굴과 몸통 연결하기

여자 아이 얼굴에 10의 귀, 11의 분홍색 몸통과 긴 머리를 붙인다.
남자 아이 얼굴에 10의 귀와 11의 파란색 몸통을 붙인다.

31 딸기 소녀 김밥

빨간색 밥과 검은깨로 장식한
귀엽고 깜찍한 딸기 소녀!

준비

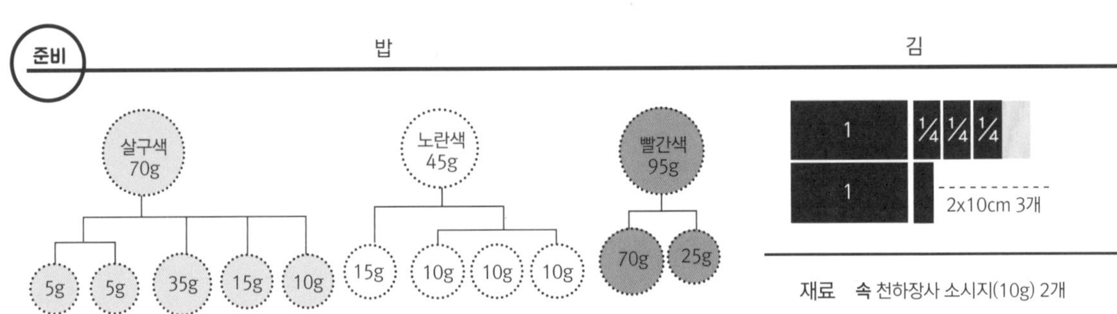

재료 **속** 천하장사 소시지(10g) 2개
장식 당근 약간, 검은깨 약간

부분

1 눈
소시지 2개를 각각 **¼김**으로
돌돌 만다.

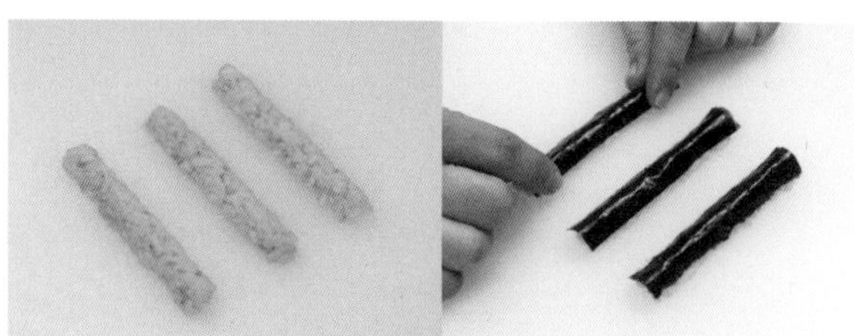

2 머리
노란색 밥 10g 3개를 각각
10cm 길이의 반원 모양으로 뭉치고
2x10cm 김을 덮는다.

조립

3
노란색 밥 3개를 나란히 놓고
밥과 밥 사이 두 군데 홈을 각각
살구색 밥 5g으로 메꿔
높이를 맞춘다.

4
살구색 밥 15g을 고르게 올린다.

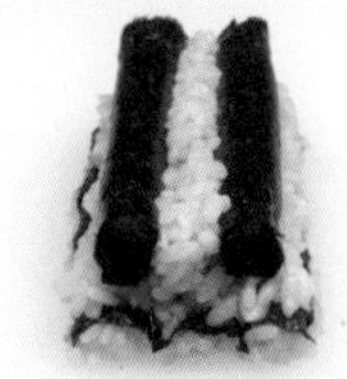

5
4의 중앙에 살구색 밥 10g을 올리고
좌우에 1의 소시지 2개를 올린다.

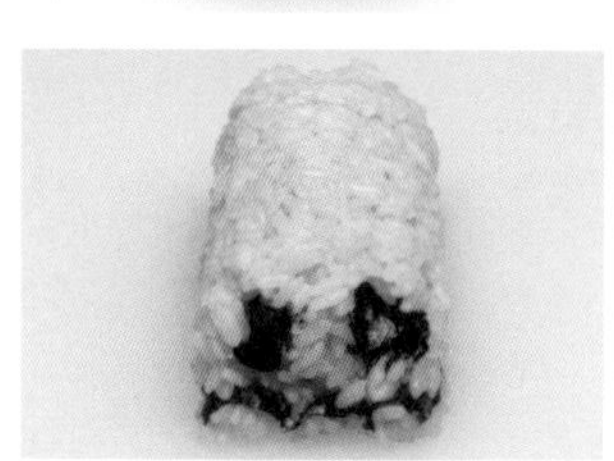

6 얼굴
살구색 밥 35g으로
상단 주변을 둥글게 감싼다.

조립

7
1김 중앙에 6을 뒤집어 놓는다.

8
노란색 밥 15g을 봉긋하게 올린 다음 김발로 감싼다.

9
1김과 **¼김**을 연결하고 김 한쪽 끝을 7cm 띄우고 빨간색 밥 70g을 고르게 편다.

* 김 연결하는 방법은 p.16 참조.

10
8을 빨간색 밥 중앙에 놓고 빨간색 밥 25g을 삼각형 모양으로 뭉쳐서 중앙에 올린다.

11
한 손으로 김발을 올려 쥔 채
김발을 이용해 김을 닫는다.

12
김밥의 양 끝을 손으로 눌러
모양을 다듬고 4개로 썬다.

장식

13 눈·입·코·씨 붙이기
눈·입 김펀치나 가위를 이용해 김을 적당한 크기로 모양 낸다.
코 당근을 슬라이스한 뒤 깍지 등을 이용해 동그랗게 오린다.
씨 검은깨로 딸기 씨를 표현한다.

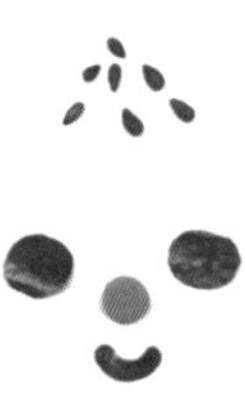

노랑 머리 공주 김밥

자연스러운 웨이브를 표현하는 게 포인트예요.
과정을 잘 따라가면 어렵지 않아요.

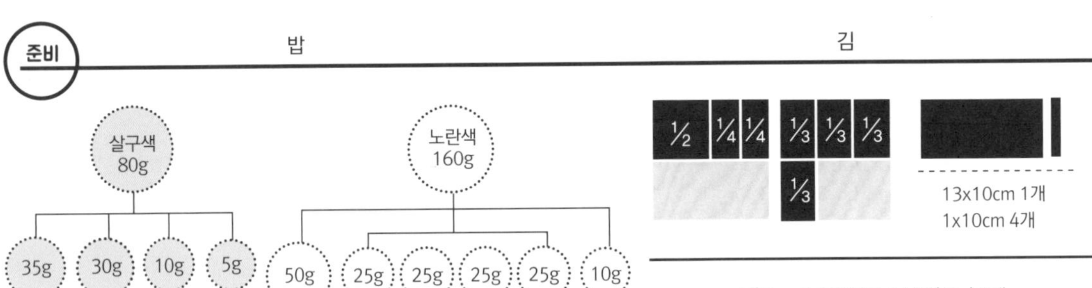

재료 **속** 천하장사 소시지(10g) 2개
장식 슬라이스 치즈 약간

부분

1 눈

소시지 2개를 각각 **¼김**으로 돌돌 만다.

2 단발 머리

⅓김 위에 노란색 밥 25g을 고르게 편 다음 한쪽 끝에 **1x10cm 김**을 올리고 달팽이처럼 돌돌 만다. 총 4개를 만든다.

조립

3 얼굴

½김 중앙에 살구색 밥 35g을 5cm 너비로 고르게 편다.

4

중앙에 살구색 밥 10g을 길게 뭉쳐 올린다.

5

1의 소시지 2개를 양옆에 올린다.

6

살구색 밥 30g으로 상단 주변을 고르게 감싼다.

조립

7
살구색 밥 5g을 중앙에 올린나.

8 머리
2의 노란색 밥 2개를 사진처럼
마주 보게 올린다.

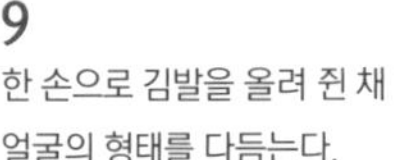

9
한 손으로 김발을 올려 쥔 채
얼굴의 형태를 다듬는다.

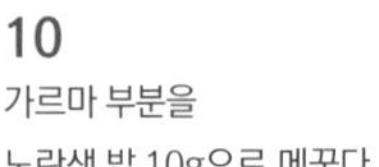

10
가르마 부분을
노란색 밥 10g으로 메꾼다.

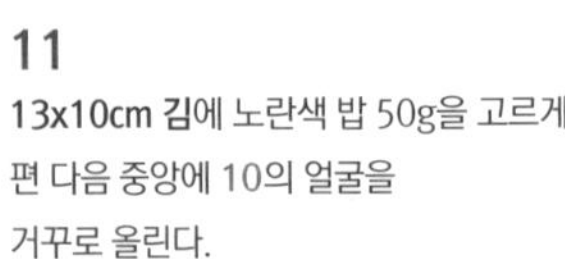

11
13x10cm 김에 노란색 밥 50g을 고르게
편 다음 중앙에 10의 얼굴을
거꾸로 올린다.

12
김발을 이용해 양옆의
노란색 밥을 붙인다.

13
2의 노란색 밥 2개를
사진과 같이 좌우에 붙여
단말 머리를 만든다.

14
김밥의 양 끝을 손으로 눌러
모양을 다듬고 4개로 썬다.

장식

15 눈·입·왕관 붙이기
눈·입 김펀치나 가위를 이용해 김을 적당한 크기로 모양 낸다.
왕관 슬라이스 치즈를 적당한 크기의 왕관 모양으로 오린다.

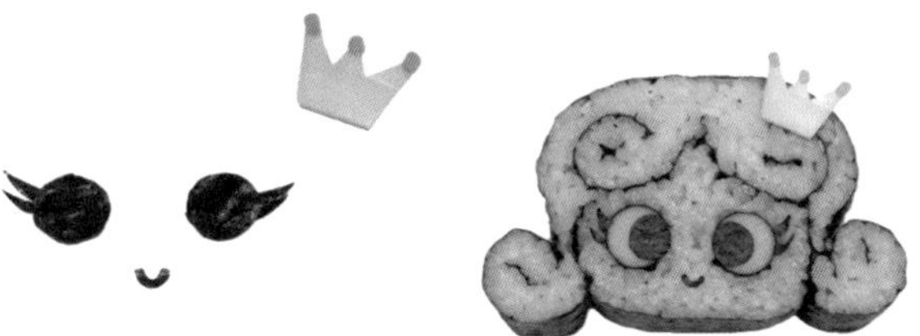

PART 5

스페셜 김밥

기념일의 맛있는 추억

발렌타인 데이 & 화이트 데이

33 캔디 김밥

준비

밥

흰색 100g

20g 20g 20g 20g 20g

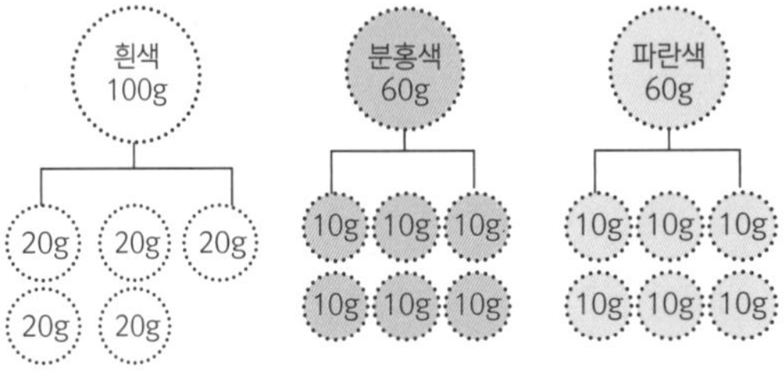

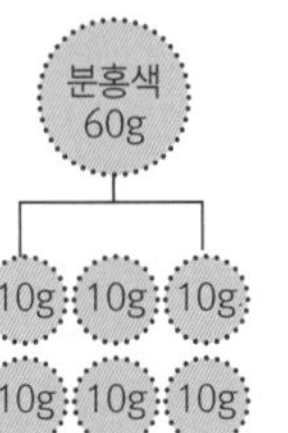

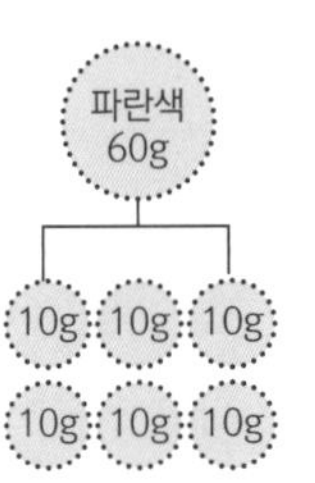

김

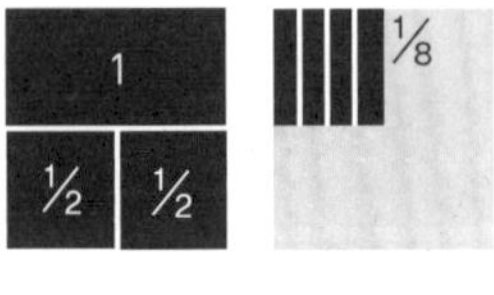

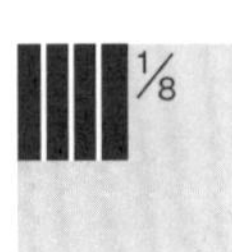

부분

1 사탕

1김의 한쪽 끝을 약간 띄우고 색깔 밥(분홍색 10g 3개, 파란색 10g 3개)과 흰밥(20g 2개)을 3.5cm 너비로 사진과 같이 번갈아 배치한 다음 김발을 이용해 돌돌 만다.

2

김과 밥이 함께 말리면서 자연스럽게 달팽이 모양이 만들어진다.

3 리본 A, B

A 흰밥 20g과 색깔 밥(분홍색 10g 2개, 파란색 10g 2개)을 삼각형 모양으로 뭉친 다음 흰밥을 **½김** 중앙에 놓고 색깔 밥을 사진과 같이 배치한다.

B 흰밥 20g 2개와 색깔밥(분홍색 10g 1개, 파란색 10g 1개)을 삼각형 모양으로 뭉친 다음 색깔밥을 **½김** 중앙에 놓고 좌우에 흰밥을 배치한다.

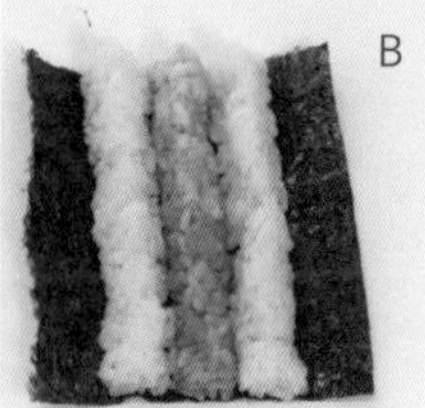

4

⅛김 4개를 각각 반으로 접어서 3의 밥과 밥 사이에 끼운다.

5

김발을 이용해 사진과 같이 김을 가운데로 모아 붙여 전체가 삼각형 모양이 되게 매만진다.

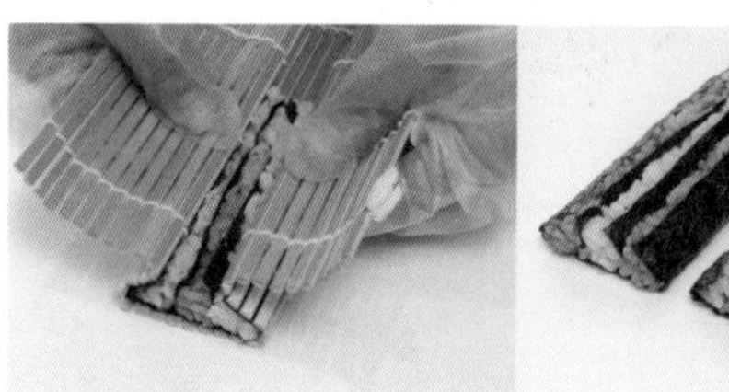

조립

6

1의 사탕과 5의 리본을 각각 4개로 썬다.

7

사탕에 리본 A, B를 좌우 하나씩 붙여 캔디 모양을 완성한다.

34

발렌타인 데이 & 화이트 데이

하트 김밥

준비

밥

- 분홍색 80g
- 흰색 90g
  - 80g
  - 10g

김

- 1
- 4x10cm 1개
- 6.5x20cm 1개

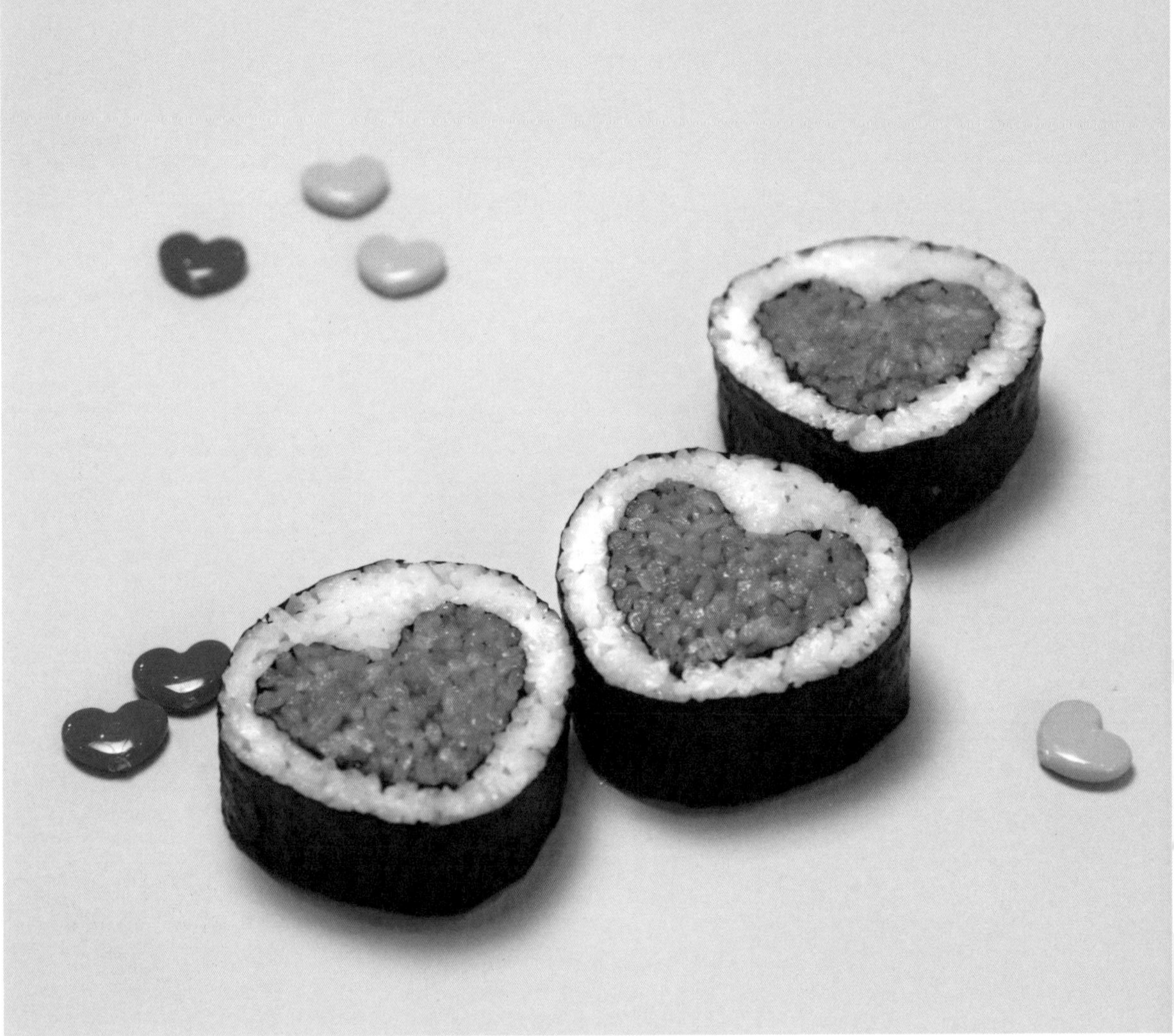

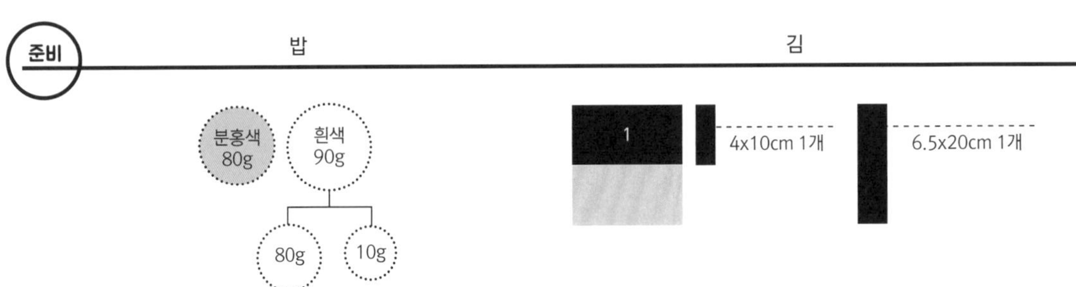

부분

1
분홍색 밥 80g을 길게
직각삼각형 모양으로 뭉쳐서
6.5x20cm 김 위에
왼쪽 1cm, 오른쪽 2cm를
띄우고 올린다.

2
김발을 이용해
오른쪽 2cm 김을
직각 부분에 붙인다.

3
반으로 자른다.

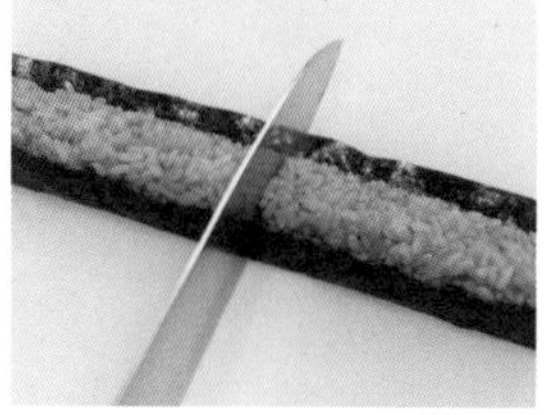

4
두 개를 밥끼리
마주 보게 붙여
하트 모양을 만든다.

5
여분의 김을 잘라서
정리한다.

6
4x10cm 김을
반으로 접어 하트 홈에
끼우고 젓가락을 이용해
모양을 잡는다.

7
하트 홈에 흰밥 10g을
고르게 채운다.

조립

8
1 김의 한쪽 끝을 3cm 띄우고
흰밥 80g을 고르게 편다.

9
밥 중앙에 7의 하트를
거꾸로 올린다.

10
한 손으로 김발을
올려 쥔 채 김발을 이용해
김을 닫는다.

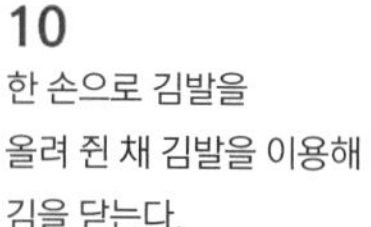

11
김밥의 양 끝을
정리하고
4개로 자른다.

35

발렌타인 데이 & 화이트 데이

LOVE 김밥

준비

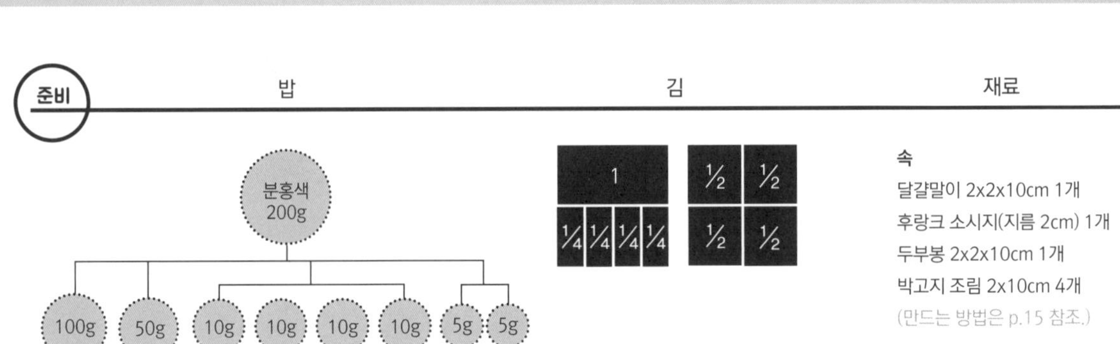

속

달걀말이 2x2x10cm 1개

후랑크 소시지(지름 2cm) 1개

두부봉 2x2x10cm 1개

박고지 조림 2x10cm 4개

(만드는 방법은 p.15 참조.)

부분

1 L

달걀말이의 오른쪽 모서리를 1x1cm 크기만큼 잘라내 알파벳 L자 모양을 만든다.

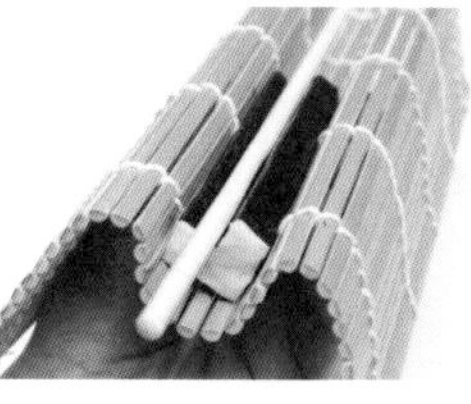

2

½김으로 L자 모양의 달걀말이를 감싼 뒤 김이 들뜨지 않게 잘라낸 부분에 나무젓가락을 끼우고 김발로 말아 고정시킨다.

3 O

후랑크 소시지를 ½김으로 돌돌 만다.

4 V

두부봉의 오른쪽 모서리를 1x1cm 크기만큼 잘라내 알파벳 V자 모양을 만든다.

5

½김으로 V자 모양의 두부봉을 감싼 뒤 김이 들뜨지 않게 잘라낸 부분에 나무젓가락을 끼우고 김발로 말아 고정시킨다.

6 E

박고지를 ¼김으로 감싸 4개를 만든다.

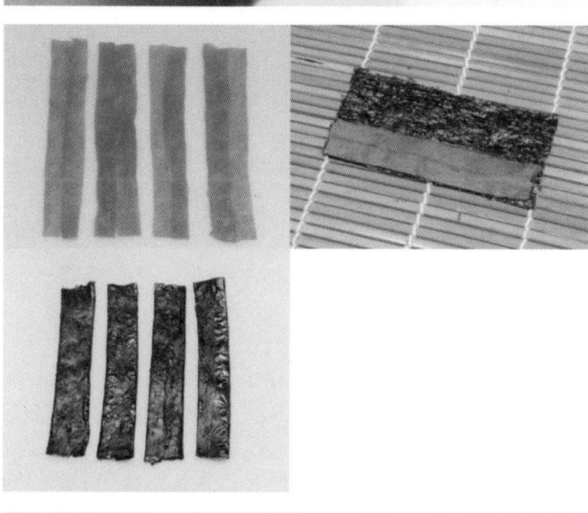

7

박고지 2개는 분홍색 밥 10g을 각각 고르게 올린 다음 위아래로 포갠다.

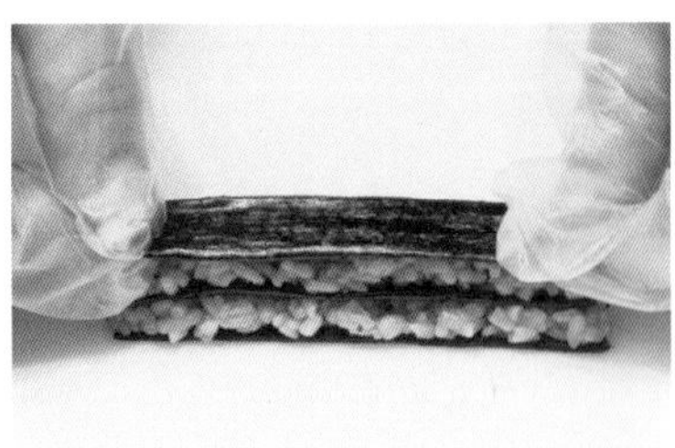

8
6의 박고지 1개를 올린다.

9
8을 90도로 돌려
박고지와 분홍색 밥이
위로 오게 놓고
나머지 박고지 1개를 위에 덮는다.

10
LOVE를 나란히 놓고
L과 V의 홈을 각각
분홍색 밥 10g씩 메꾼다.

11

1김과 **$\frac{1}{2}$김**을 연결하고 양쪽 끝을
5.5cm 띄우고 분홍색 밥 100g을
중앙에 고르게 편다.

* 김 연결하는 방법은 p.16 참조.

12

분홍색 밥 중앙에 10의 LOVE를
뒤집어서 올리고, 알파벳 V의 두 군데 홈에
각각 분홍색 밥 5g씩 메꾼다.

13

분홍색 밥 50g을
LOVE 위에 고르게 덮는다.

14

한 손으로 김발을 올려 쥔 채
김발을 이용해 김을 닫는다.

15

LOVE 김밥을 4개로 자르기 전
1cm를 먼저 잘라낸다.
그렇지 않으면 한 개가
EVOL 김밥이 된다.

16

주스용 빨대로 소시지 가운데를
뚫어 O자를 만든다.

36

할로윈 데이

호박 김밥

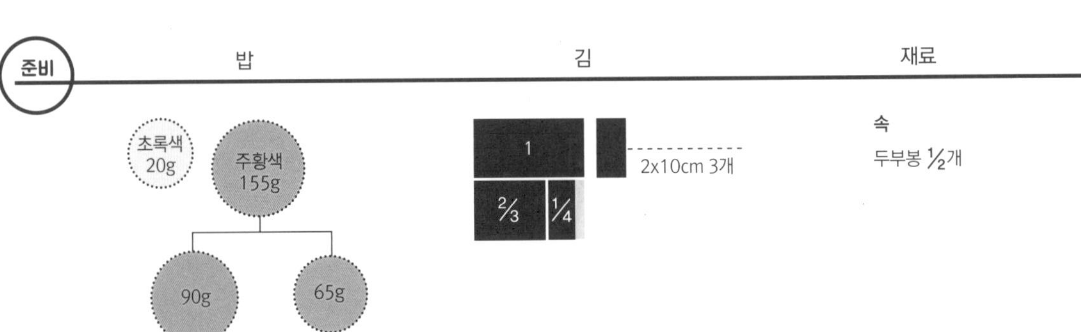

부분

1 이빨
두부봉을 반으로 가른 뒤
세로로 4등분 한다.

2
두부봉 사이마다
2x10cm 김을 끼운다.

3
⅔김으로 두부봉을 감싼다.

4 꼭지
초록색 밥 20g을
10cm 길이의
삼각형 모양으로 뭉치고
¼김을 덮는다.

조립

5 얼굴
1김의 한쪽 끝을 6cm 띄우고
주황색 밥 90g을 고르게 편다.

6
밥 중앙에
3의 두부봉을 평평한 면이
위로 오게 올린다.

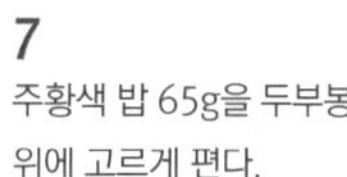

7
주황색 밥 65g을 두부봉
위에 고르게 편다.

8
한 손으로 김발을
올려 쥔 채 김발을 이용해
김을 닫는다.

9
김밥의 양 끝을 손으로 눌러
모양을 다듬고 4개로 썬다.

10
초록색 꼭지를
4등분 한다.

장식

11 눈·코·이빨 붙이기
김펀치나 가위를 이용해 김을
적당한 크기로 모양 낸다.

12
10의 꼭지를
김밥 위에 붙이고 완성한다.

37

할로윈 데이

검은 고양이 김밥

준비

밥

김

재료

속

두부봉 ½개

천하장사 소시지(10g) 2개

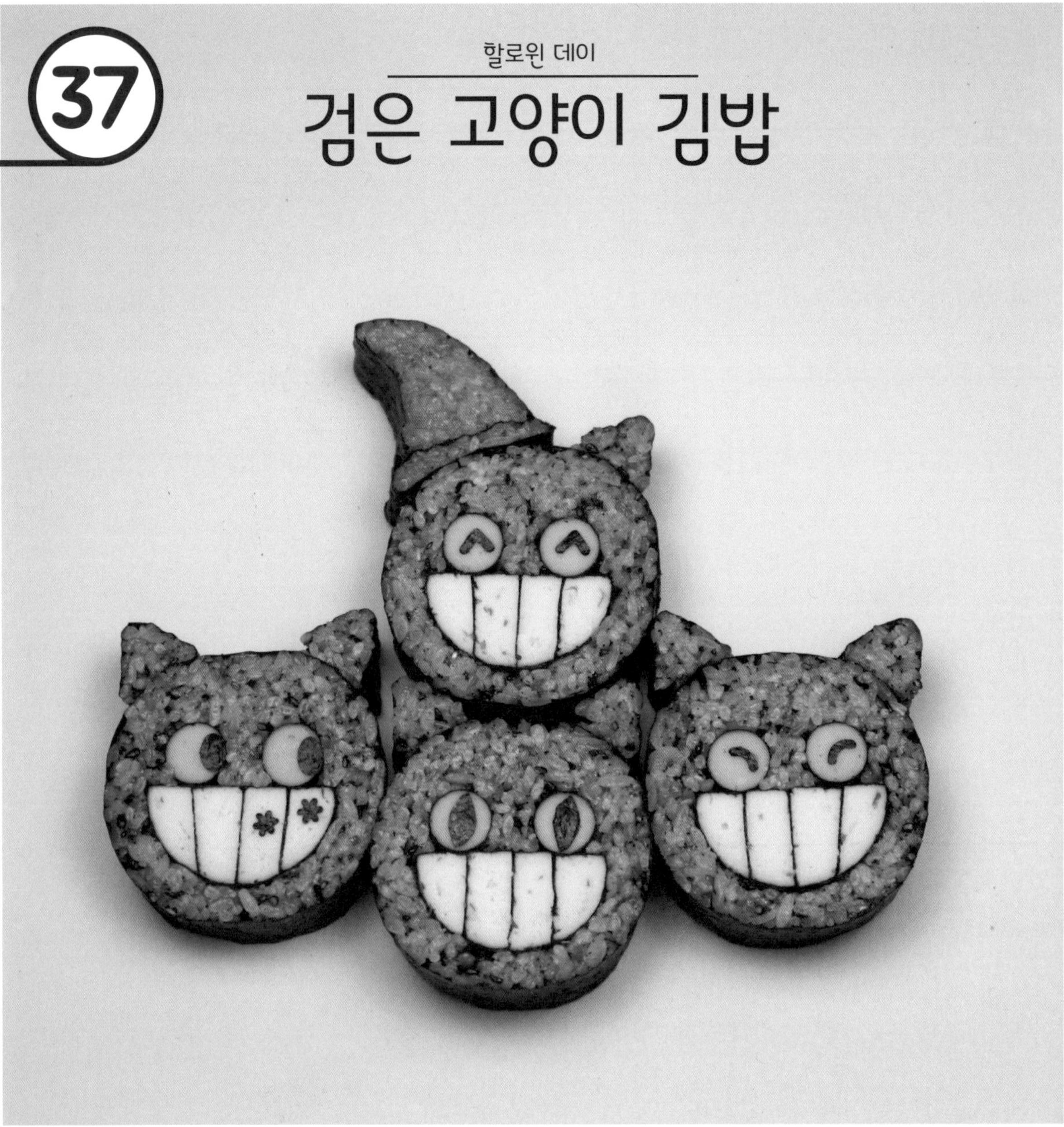

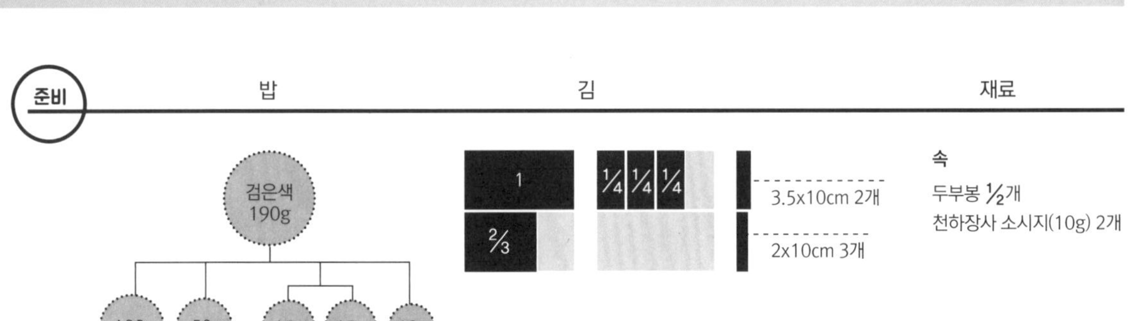

부분

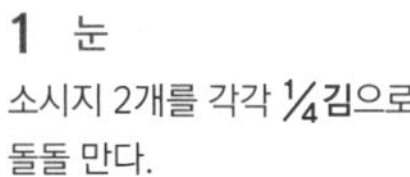

1 눈
소시지 2개를 각각 **1/4김**으로 돌돌 만다.

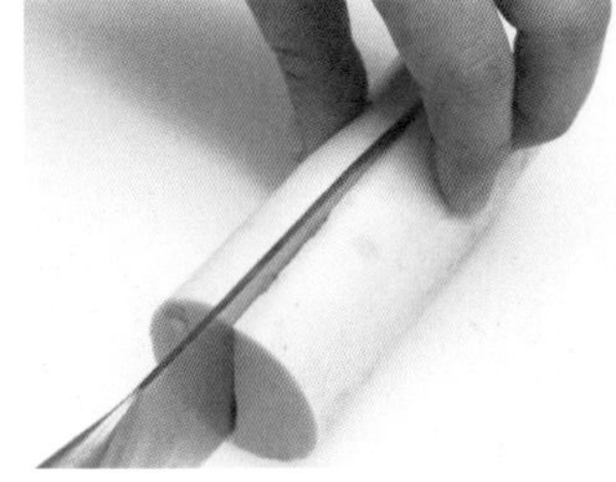

2 이빨
두부봉을 반으로 가른 뒤 세로로 4등분 한다.

조립

3
두부봉 사이마다 **2x10cm 김**을 끼운다.

4
2/3김으로 두부봉을 감싼다.

5 귀
검은색 밥 15g 2개를 각각 10cm길이의 삼각형 모양으로 뭉치고 **3.5x10cm 김**을 덮는다.

조립

6 얼굴

1김과 **$\frac{1}{4}$김**을 연결한 다음
김 한쪽 끝을 6cm 띄우고
검은색 밥 100g을 고르게 편다.

* 김 연결하는 방법은 p.16 참조.

7

밥 중앙에 두부봉을 올린다.

8

두부봉 중앙에
검은색 밥 10g을
길게 뭉쳐 올린다.

9

검은색 밥 양옆에
1의 소시지를 올린다.

10
검은색 밥 50g으로
소시지 주변을
둥글게 감싼다.

11
한 손으로 김발을 올려 쥔 채
다른 한 손으로 밥을 살짝 눌러
모양을 잡은 뒤 김발을 이용해
김을 닫는다.

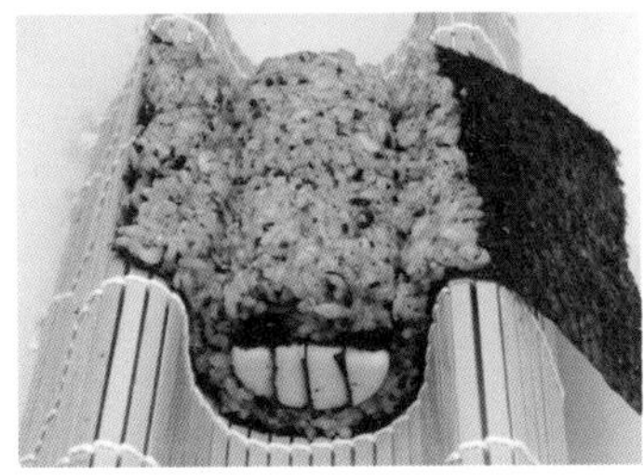

12
김밥의 양 끝을 손으로 눌러
모양을 다듬고 4개로 썬다.

13
5를 각각 4등분 해
8개를 만든다.

장식

14 눈 붙이기
김펀치나 가위를 이용해
김을 적당한 크기로 모양 낸다.

15
머리 위에 13의 귀를
붙여 완성한다.

38

크리스마스

산타 김밥

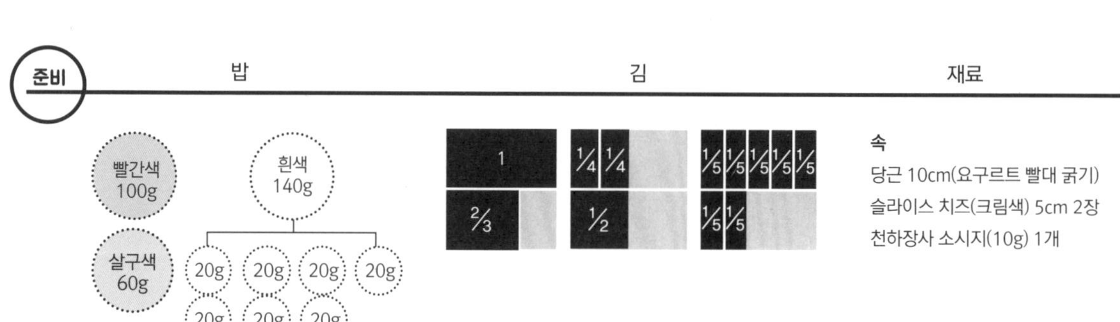

부분

1 모자 테두리
5cm로 자른
슬라이스 치즈 2장을
포개어 **⅔김**으로 감싼다.

2 모자 방울
소시지를
¼김으로 돌돌 만다.

3 코
얇게 잘라놓은 당근을
¼김으로 돌돌 만다.

4 수염
흰밥 20g 7개를 각각
10cm 길이의
반원 모양으로 뭉쳐서
⅕김을 덮는다.

조립

5
1김과 **½김**을 연결하고
중앙에 4의 흰밥 5개를
밥이 위로 오게 나란히 올린다.
* 김 연결하는 방법은 p.16 참조.

6
4의 나머지 흰밥 2개를 중앙에
김이 위로 오게 올린다.

조립

7
3의 당근을 밥 사이에 올린다.

8 얼굴
살구색 밥 60g을 평평하게 올린다.

9
한 손으로 김발을 동그랗게 올려 쥔다.

10
1의 치즈와 2의 소시지를 사진과 같이 올린다.

11

빨간색 밥 100g을
10cm 길이의 반원 모양으로 뭉쳐
올리고 김발을 이용해 김을 닫는다.

12

김밥의 양 끝을 손으로 눌러
모양을 다듬고 4개로 썬다.

장식

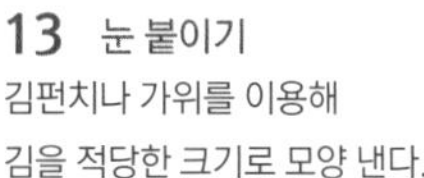

13 눈 붙이기

김펀치나 가위를 이용해
김을 적당한 크기로 모양 낸다.

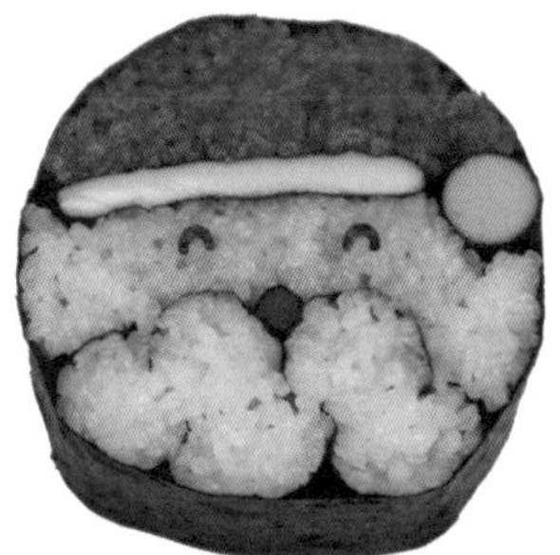

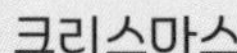

39

크리스마스

루돌프 사슴 김밥

준비

밥

황토색 160g → 130g, 30g

빨간색 30g

김

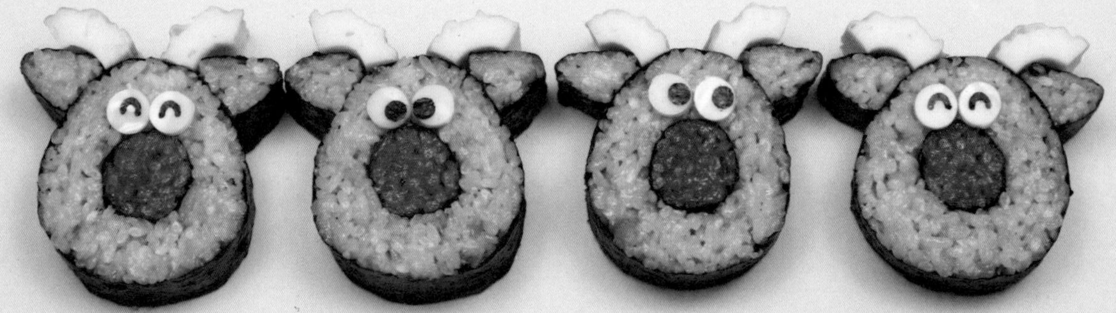

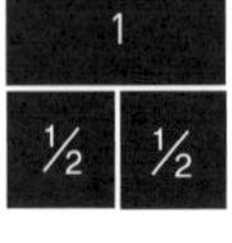

재료

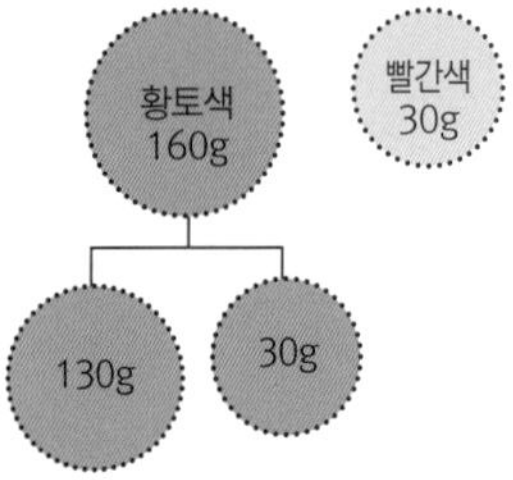

속

구멍 뚫린 어묵 ½개(10cm)

장식

슬라이스 치즈 약간

부분

1 코
빨간색 밥 30g을 동그랗게 뭉쳐 ½**김**으로 둥글게 만다.

2 귀
황토색 밥 30g을 타원형으로 뭉쳐서 ½**김**으로 감싼다.

조립

3 얼굴
1김의 한쪽 끝을 5cm 띄우고 황토색 밥 130g을 고르게 편다.

4
밥 중앙에 1의 빨간색 밥을 올린다.

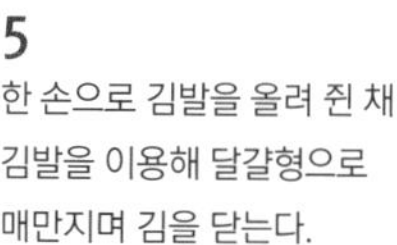

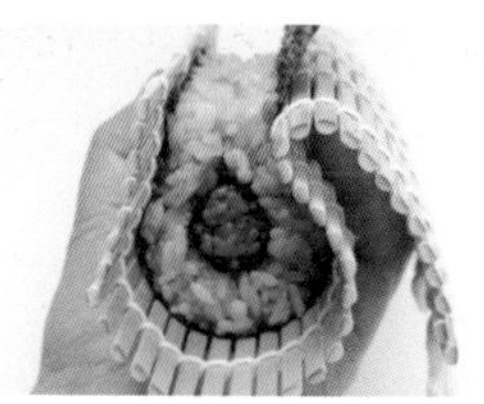

5
한 손으로 김발을 올려 쥔 채 김발을 이용해 달걀형으로 매만지며 김을 닫는다.

6
김밥의 양 끝을 손으로 눌러 모양을 다듬고 4개로 썬다.

7
2의 황토색 밥을 반으로 가른 뒤 4등분 해 8개의 귀를 만든다.

8 뿔
10cm 길이의 구멍 뚫린 어묵을 반으로 가른 뒤 4등분 해 8개를 만든다.

장식

9 눈 붙이기
김펀치나 가위를 이용해 슬라이스 치즈와 김을 적당한 크기로 모양 낸다.

10 귀·뿔 붙이기
7의 귀와 8의 뿔을 붙여 완성한다.

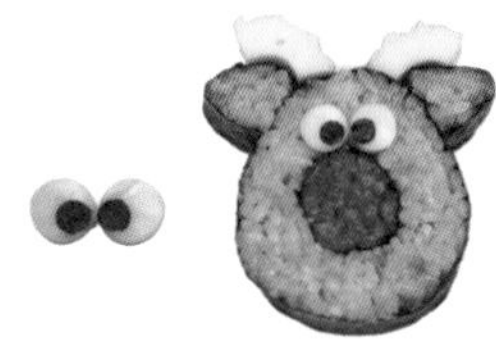

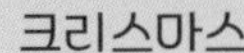

크리스마스

40 크리스마스 트리 김밥

준비

밥

초록색 150g

흰색 50g → 25g, 25g

김

1

½ ¼ ¼

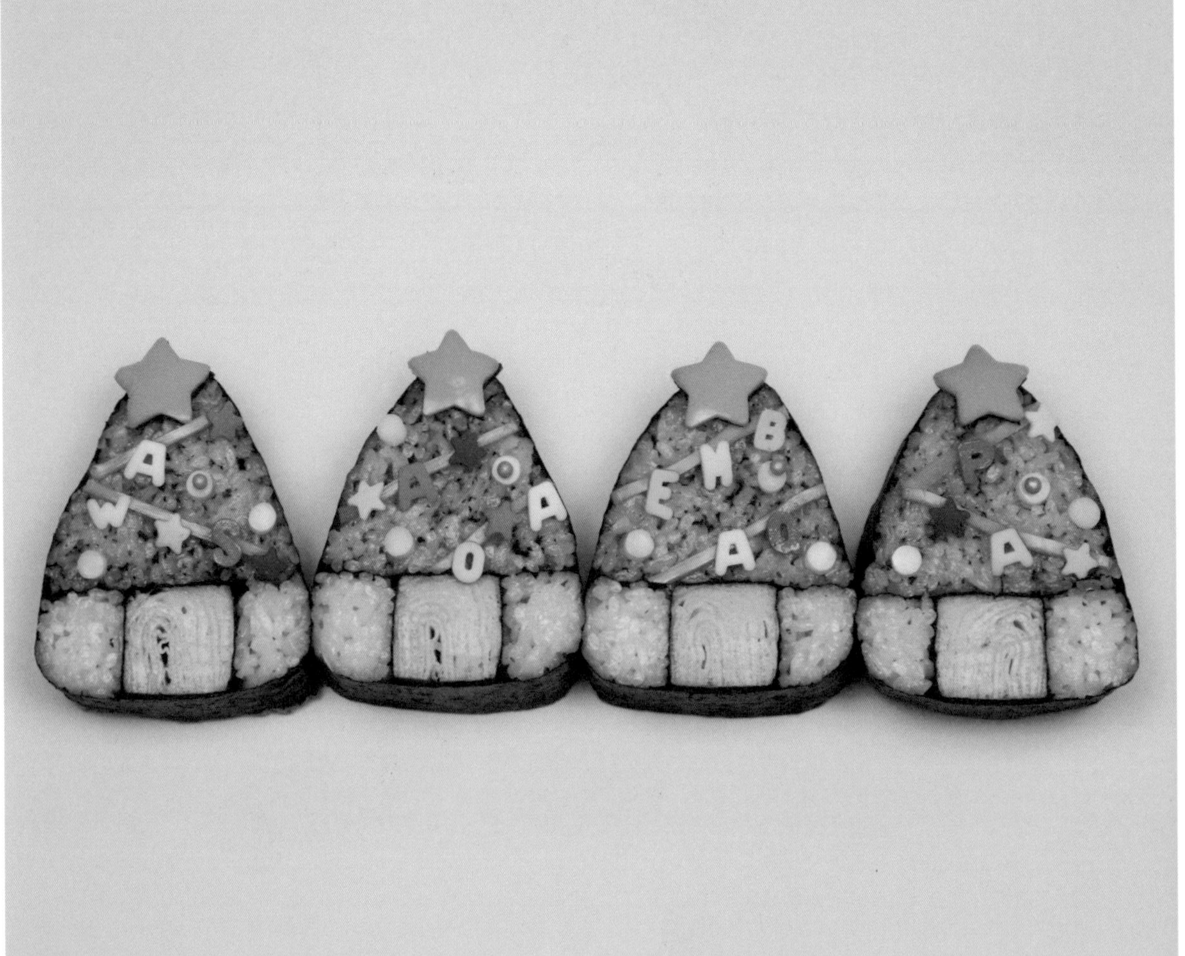

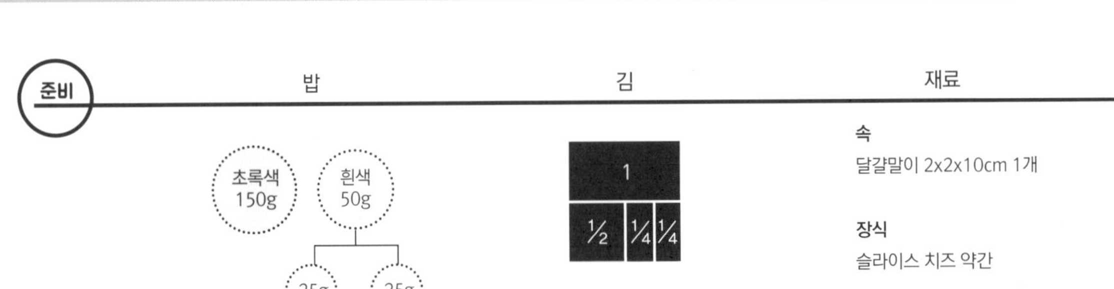

재료

속

달걀말이 2x2x10cm 1개

장식

슬라이스 치즈 약간

부분

1

달걀말이를 1/2김으로 감싼다.

조립

2

1김과 1/4김을 연결하고
중앙에 달걀말이를 올린다.

* 김 연결하는 방법은 p.16 참조.

3

달걀말이 양옆에
각각 흰밥 25g씩
네모지게 붙인다.

4

1/4김을 덮는다.

5

초록색 밥 150g을
삼각형 모양으로 뭉쳐
올린다.

6

김발을 이용해
김을 닫는다.

7

김밥의 양 끝을 손으로 눌러
모양을 다듬고 4개로 썬다.

장식

8 치즈로 장식하기

치즈 등으로 트리를 장식한다.

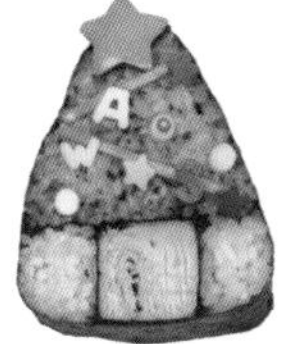

41

크리스마스

빨간 양말 김밥

준비

밥

김

재료

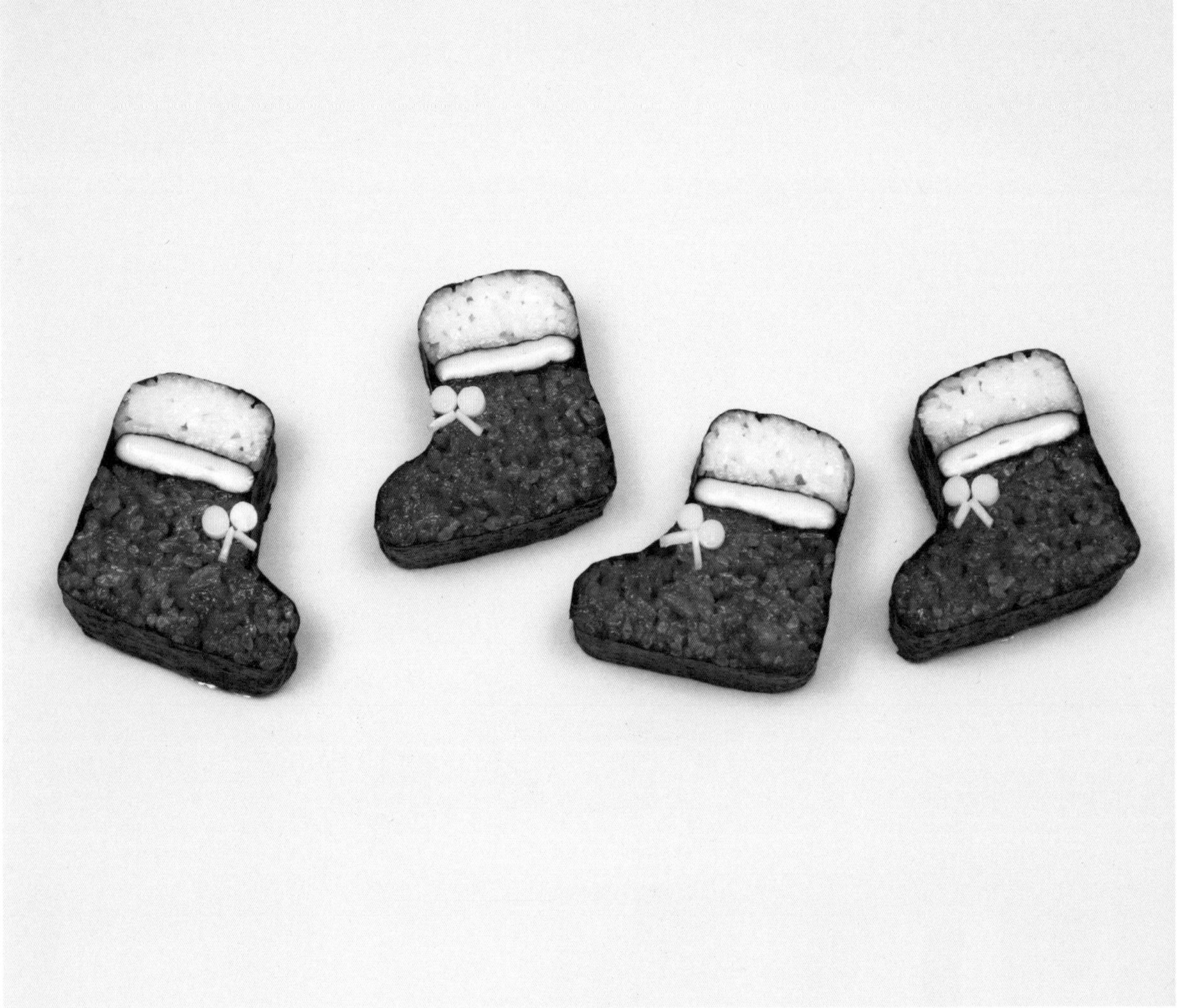

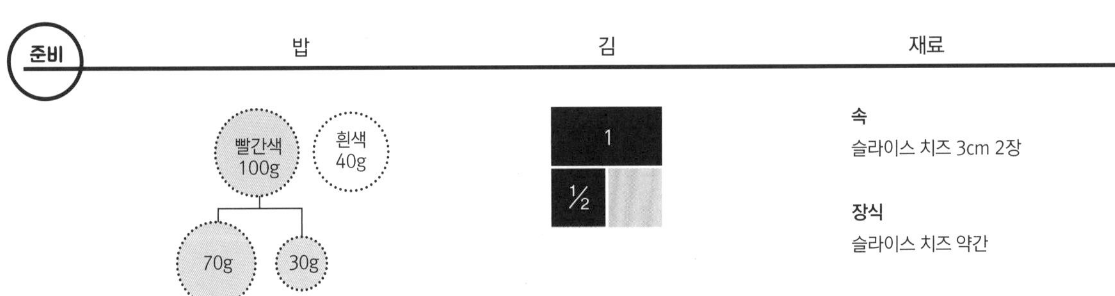

속

슬라이스 치즈 3cm 2장

장식

슬라이스 치즈 약간

부분

1 양말 테두리
3cm로 자른
슬라이스 치즈 2장을
포개어 ½**김**으로 감싼다.

조립

2 양말(발 부분)
1김 중앙에 빨간색 밥 70g을
5cm 너비로 뭉쳐 올린다.

3
빨간색 밥 30g을
3cm 너비로 뭉쳐서
한 쪽 끝에 붙여 올린다.

4
1의 치즈를 올린다.

5 양말(발목 부분)
흰밥 40g을
고르게 올린다.

6
김발을 이용해
김을 닫는다.

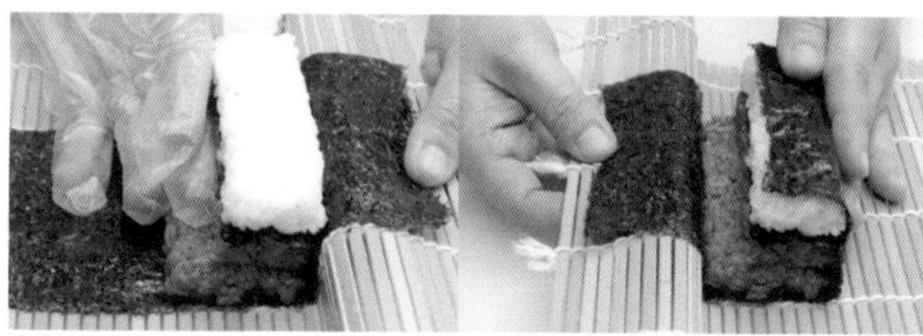

7
김밥의 양 끝을 손으로 눌러
모양을 다듬고 4개로 썬다.

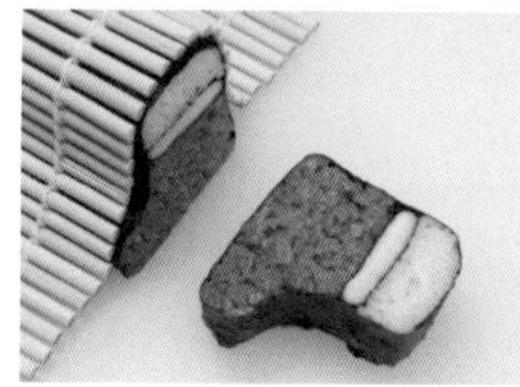

장식

8 리본 장식 붙이기
치즈로 리본 장식을 만든다.

ⓒ 이지은, 2020

초판 1쇄 인쇄 2020년 11월 2일
초판 1쇄 발행 2020년 11월 9일

지은이 | 이지은
발행인 | 장인형
임프린트 대표 | 노영현

요리·사진 | 시스터즈 캐릭터 김밥&쿠키

펴낸 곳 | 다독다독
출판등록 제313-2010-141호
주소 서울특별시 마포구 월드컵북로4길 77, 3층
전화 02-6409-9585
팩스 0505-508-0248
이메일 dadokbooks@naver.com

ISBN 978-89-98171-94-0 13590

잘못된 책은 구입한 곳에서 바꾸실 수 있습니다.
다독다독은 틔움출판의 임프린트입니다.

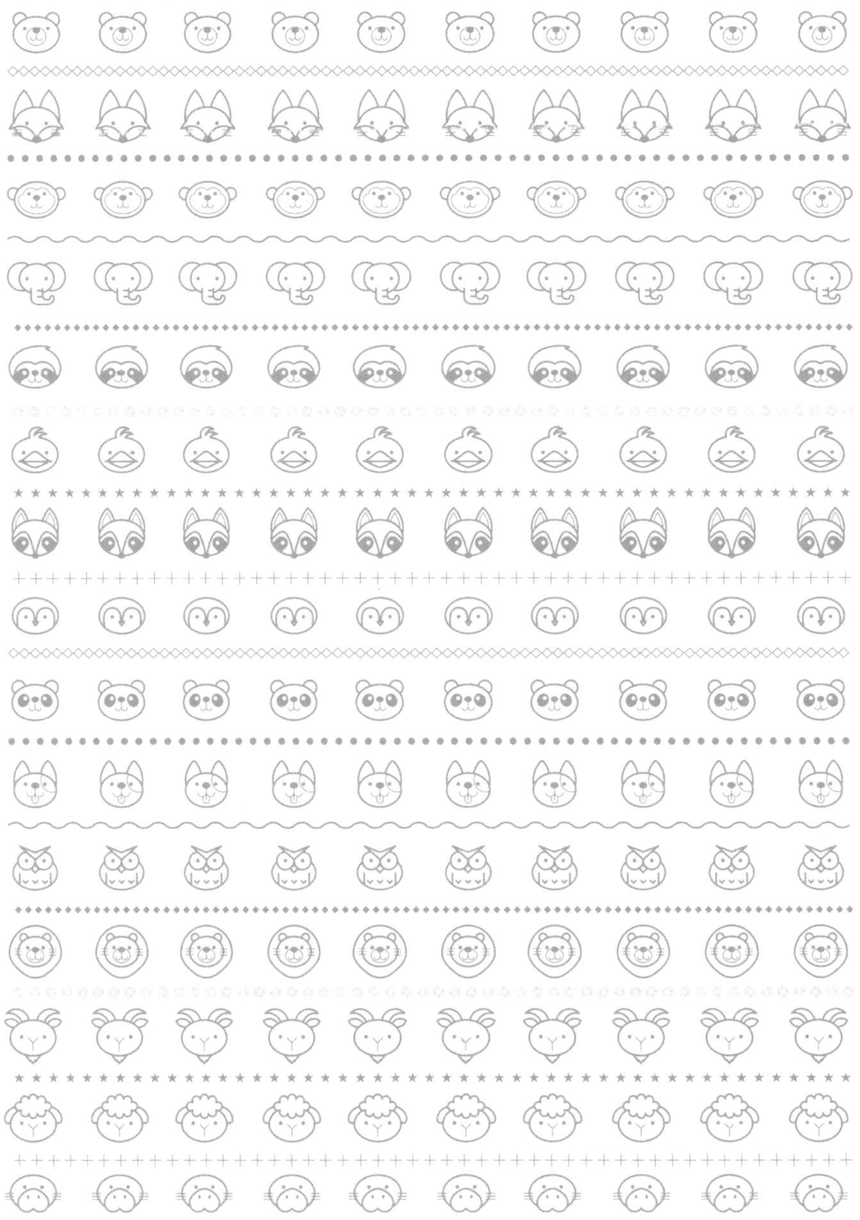